名师谈儿童自控力
养成计划

刘思瑾　主编

黑龙江科学技术出版社
HEILONGJIANG SCIENCE AND TECHNOLOGY PRESS

图书在版编目（CIP）数据

名师谈儿童自控力养成计划 / 刘思瑾主编 . —— 哈尔滨：黑龙江科学技术出版社，2023.4
ISBN 978-7-5719-1850-7

Ⅰ . ①名… Ⅱ . ①刘… Ⅲ . ①儿童 – 情绪 – 自我控制
Ⅳ . ① B844.1

中国国家版本馆 CIP 数据核字 (2023) 第 049876 号

名师谈儿童自控力养成计划
MINGSHI TAN ERTONG ZIKONGLI YANGCHENG JIHUA

主　　编　刘思瑾
封面设计　深圳·弘艺文化　HONGYI CULTURE
责任编辑　孙　雯
出　　版　黑龙江科学技术出版社
地　　址　哈尔滨市南岗区公安街 70-2 号
邮　　编　150007
电　　话　（0451）53642106
传　　真　（0451）53642143
网　　址　www.lkcbs.cn
发　　行　全国新华书店
印　　刷　哈尔滨市石桥印务有限公司
开　　本　710 mm × 1000 mm　1 / 16
印　　张　8.75
字　　数　130 千字
版　　次　2023 年 4 月第 1 版
印　　次　2023 年 4 月第 1 次印刷
书　　号　ISBN 978-7-5719-1850-7
定　　价　45.00 元

前言

　　随着时代的发展与进步，我们拥有了丰富的信息获取途径，家长们也开始不断觉醒，在养育孩子的问题上有了比上一代更多的经验。但同时，家长们也陷入一种"内卷"当中：在物质条件已经相对丰沛的前提下，如何不让孩子"输在起跑线上"？于是越来越多的焦虑情绪开始蔓延。而事实上，人生路漫漫，根本就无从谈"起跑线"。我们应该把人生当作一场"马拉松"，并不是跑得快就能赢到最后，我们不应只在乎孩子跑得"多快"，而应关注他们跑得"多远"，更应该了解他们"愿不愿意跑"。这里便不得不谈"自控力"，关于这个话题，我们听到很多外在动力和内在动力的探讨。长久以来，很多家长与老师还是更多地靠着外在动力去驱使孩子，孩子看似被物质奖励激发了热情，实际效果并不长久。如何让孩子拥有"内驱力"，也就是"能自己控制自己的能力"，便是家长在未来需要学习的部分。

　　自控力的形成并非一朝一夕，想要孩子拥有自控力，家长不仅要学习理论知识，更应该明白儿童发展的黄金规律。心理学家爱德华和理查德在研究"自我决定论"的时候提到，所有人都离不开三个具体的心理需求：归属感、自主感和成就感。那么要提高孩子的自控力，自然就要考虑孩子在成长过程中的这些需求，当需求得到满足时，孩子就会更主动地去学习，更愿意去学习。

孩子现在的自控其实是由他控过渡的，孩子自控力的形成需要父母舍得放手，多培养孩子自我掌控的能力。把孩子的权利还给他们，给予他们自己解决问题的能力。守自己的规矩，自己能主宰自己的生活，"自己说了算"的感受才是健康心智的前提，才是主动进步的源泉，才是跌倒了爬起来的动力。

　　我们没法控制孩子，也不应该控制他们。为人父母要教导孩子独立思考、身体力行，应想方设法帮助孩子找到他们挚爱的事物，并进一步激发他们的内在动力，而不是逼着他们做那些他们不想做的事。给予孩子足够的自由和尊重，进而让他们自己解决困难。本书从多个维度来解析孩子自控力的形成与发展，希望可以给家长们带来一些帮助。

自序

　　既然我们谈到内驱力，家长们也非常清楚，要想维持稳定的学习兴趣和动力，必须激发内驱力。在本书的最开始就提到内驱力，也是为了让大家更深切地了解。那么，内驱力到底是什么呢？

　　我们经常看到刚出生的小婴儿躺在床上，任由父母、亲人逗唤，他们只会小眼睛圆溜溜地看着你，嘴巴里咿咿呀呀说着"婴语"，每天吃饱喝足就乐呵呵的了。但到了六七个月，他们不再满足于躺在床上，于是就开始用尽全身力气尝试翻身。翻身是个体力活，他们往往要用尽全身的力气，对于那个小小的娃娃来说，应该是很吃力的。但我们会发现，只要他们的尝试成功过一次，他们就会开始乐此不疲地翻来翻去，连睡觉也不老实。

　　对于当时的他们而言是多么艰难的一件事，为什么他们却不怕困难硬要翻身呢？这就是生命本身所带来的奇迹，这种成长的内驱力无法阻挡。

　　记得我家孩子上小学时，班主任要求每天坚持跳绳。可是他在幼儿园时并没有学过，也没有练习过，在上小学之前他一分钟只能跳 30 个。但后来上小学后，他知道学校有班级跳绳比赛，名次评定是把全班小朋友的跳绳个数相加。他知道自己一分钟只能跳 30 个，会影响全班的整体成绩。于是，从一年级的第一天开始他就坚持跳绳，每天跳 15 分钟。他做完作业就会主动说："妈妈，跳绳时间到了。"就这样每天坚持，三个星期后他就从一分钟 30 个跳到了一分钟 130 个，让全家人都感到惊讶。我们问他为什么进步这么大，他回答说："我要为班级争光，希望在班级跳绳比赛中，我们班能拿第一名，我跳得不好会影响班级成绩的。"

对于孩子来说，这就是在他心里愿意达到的一个目标，这个目标变成了他跳绳的驱动力……

通过以上这两个事例我们可以知道，人其实天生就有一种驱使自己向上和进步的动力。这种动力非常神奇，一定是由内心生发的，才可能成为源源不断的力量。任何靠外在力量引起的动力，都不会太持久。心理学教授安琪拉·达克沃斯曾在TED论坛发表演讲，她认为：在孩子的教养过程中，若一直依赖于外部评价或物质奖赏来产生成长动力，其本质和训练马戏团的小猴子并无差异。培养孩子坚毅的品质，塑造其内驱力，一定要关注孩子的"内心"动作，而非仅仅是表象动作。

只有那些发自内心的热爱，才能产生持久的内驱力。内驱力直接影响一个人的精神和行动，在一个人一生中起着核心作用。有内驱力的人能感受到内心的崛起，在心灵中在行动中，塑造完整的生命内核。其实内驱力的形成和热爱息息相关。

有些家长常感叹孩子学习的时候总是拖拉延迟，但是却能坐在桌前拼积木一两个小时都不知疲倦，这就是因为孩子找到了自己的兴趣所在，当他产生兴趣的时候就自然而然产生了"心流"，进入了"忘我之境"。

因此，我们既要尊重孩子那由心生发出来的兴趣和热情，也要帮助孩子培养任何事情都认真对待的习惯，因为这样也可能会产生兴趣。

兴趣是一点星火，会从自己真正热爱的事情上开始燃烧，也能在其他的领域呈燎原之势。人一旦找到热爱的事情，自然专注于此，内在驱动力就是在这样的状态中逐渐生长起来的，自控力也就自然而然地产生了。

目录

第一章 健康大脑是自控力的源泉

第二章　情绪管理是自控力的良药

第三章　学习动力是自控力的马达

第四章 习惯培养是自控力的框架

第七章 教养方式是自控力的基石

第一章
健康大脑是自控力的源泉

　　脑是人体的总指挥官，脑的发育和自控力的发展息息相关。我们只有弄清楚脑的工作机制，才能更清晰地了解孩子行为背后的原因，从而做出科学的判断。本章从婴儿的脑发育谈起，涉及家长普遍关心的孩子的注意力、记忆力、语言、行为等能力的发展，将理论与现实结合起来进行论述，让大家对孩子的成长有更全面的认识。

一、儿童大脑的发育特点

在生命早期，大脑就在以一种惊人的速度发育着。有研究表明，人的一生中，大脑发育的加速期是在母亲怀孕最后3个月和婴儿出生后的前两年。大脑是人体的指挥官、最高级的神经中枢，控制着人的各种活动和思维。而大脑的发育水平直接影响人的行为、思维的发展。

婴儿时期和生命早期大脑的发育

婴儿出生时，他的脑总量就已经达到350~400g，大约是成人脑重的25%。当婴儿出生后，脑的发育相较于其他器官也发育得更加迅速，6个月时已经达到700~800g，约占成年人大脑的50%，婴儿1岁时达到800~900g，2岁时增加到1050~1150g，3岁时儿童的脑重已接近成年人脑重，此后脑的发育速度才趋向缓慢。

脑在儿童初期的发育之所以迅速，说明人类作为灵长类动物，我们和其他物种最大的区别便在于我们能思考、会动脑。而正常发育的三岁孩子的脑部重量已接近成年人，意味着成年人不要总将"孩子"当作"孩子"来对待，虽然在他们的身体发育上可能比较缓慢，但是随着脑部的不断完善，各种技能是可以逐渐开发与发展的，因此家长也要明白，从最初我们对待孩子起，就应该把他们当作一个"独立的个体"，带着欣赏与尊重去引导和教育他们。

婴儿的大脑具有最强的可塑性

当儿童的脑部重量接近成年人之后，大脑的各个部分也开始不断发育。儿童的大脑皮质的发育则遵循着头尾原则和远近原则，即大脑皮质中控制头部及躯干运动的一些部分先行发育，而后与肢体控制有关的皮质才开始逐渐发育；同时，控制上肢的皮质部分的发育要早于控制下肢的皮质部分的发育。

为什么大部分孩子会先学会走路再学会说话，这是因为大脑最先发育成熟的就是初级运动区和初级感觉区，这两个区域能帮助孩子控制简单的动作，如婴儿一出生就会寻找妈妈的乳头，吮吸行为没人教天生就会，以及几个月的婴儿最喜欢将东西放进嘴里，这皆是由于大脑释放给他们信号，让他们开始探索和认识这个世界，而此时，家长就要明白，一味的阻止将会剥夺孩子在这个时期能力的发育。

大脑之所以能处于活跃的状态和神经元细胞息息相关。如果神经元越多，连接越紧密，大脑就越活跃。但婴儿出生之时，大部分神经元细胞之间的联结是不太紧密的，大脑皮质的大多数区域也是不太活跃的。

随着婴儿的成长，他们受到的外部刺激越来越多，神经元的联结就开始以令人难以置信的速度增长。因此婴儿时期的大脑拥有的神经元和神经

大脑解剖学

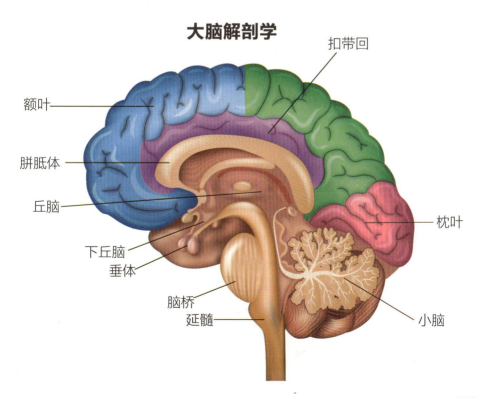

额叶

扣带回

胼胝体

丘脑

下丘脑

垂体

脑桥

延髓

枕叶

小脑

联结数量是远远多于成人的。但是大脑很有意思的地方就在于，它就像一个裁缝，会将大脑里不太活跃的神经元和突触（神经元彼此接触的部位）进行修剪，留下那些比较活跃的经常被使用的神经元。这就说明，在婴儿时期大脑的可塑性是非常强的。大脑在修剪了一些突触之后，也会修正并增添一些新的突触，突触的添加是儿童记忆的主要基础，与学习经验相连的活动促使神经元不断创造出新的突触。而父母如果能多与孩子对话，多陪伴孩子，那么孩子的大脑中的神经元和突触就会不断被激活，孩子的大脑也会越来越灵活。

儿童时期大脑发育

1. 注意力的发育

注意力一直是家长非常关注的问题。常常听到家长烦恼："老师，为什么我的孩子总是坐不住，做个事情也总是三分钟热度，他是不是注意力不集中啊？"孩子到底是不是注意力不集中，首先要搞明白每个年龄阶段的孩子的大脑发育情况。

一般来说，0~5岁的孩子注意力差是因为大脑发育不完善，神经系统兴奋性高，抑制力差引起的。到了学龄期，随着孩子的中枢神经系统发育逐渐

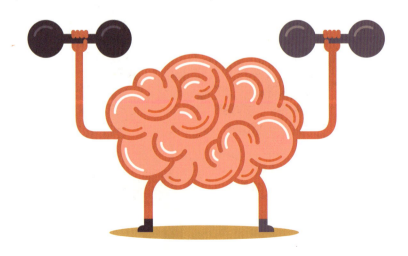

成熟，孩子注意力的保持时间也会越来越长。因此，家长不要在0~5岁的时候随意给孩子扣上"注意力不集中"的帽子，这对孩子来说是不公平的。

在心理学上将注意分成两种，分别是无意注意和有意注意。无意注意指的是没有目的，不需要意志努力就能做到的注意，也叫不随意注意。比如孩子正在做作业，只要有脚步声，孩子马上就不自觉停下手中的事情去张望。有意注意则是需要一定程度的努力才能维持的注意，又叫随意注意。孩子上课需要集中意志去听课，哪怕老师讲课的内容不是他感兴趣的也依然能坚持，这就是意志努力的结果。

对于儿童阶段的孩子来说，婴幼儿阶段是无意注意更占优势，因为那些事情生动、新鲜，更能吸引他们的注意。比如给孩子买了一个新玩具，他能一个人玩很久，就是因为他们对玩具非常好奇、喜欢。而婴幼儿是选择性注意，也就是有意注意，是不那么稳定的，因为他们对外界刺激的干扰难以忽视。研究发现，即使是7~10岁的儿童，也很难完全集中注意力去完成当前的任务，一旦有外界事物的干扰，他们马上就会被打扰。

研究表明，当人们积极地投入到某项感兴趣的活动中时，人们的注意力可以保持20分钟及更长时间，但儿童的注意力时间更短，自然无法长时间专注于某一事物。因此家长要了解孩子注意力的发展规律，不要过分要求孩子，不要在孩子注意力不集中时就给孩子贴上"不认真"的标签。

那么家长应该如何遵循孩子注意力发展的规律呢？首先，家长要给孩子营造一个熟悉、稳定的环境。孩子的大脑发育本来就不完全，如果家里的环境经常变化给孩子带来很多刺激，那么孩子的注意力自然容易被外界环境所干扰。

其次，家长的教养方式和态度很重要。家长在家庭教育的过程中，应该尽量给孩子提供宽松、轻松的家庭氛围，且有意识地培养孩子的自律能力。在家里减少玩具、书籍的摆放，适应孩子的成长需求，坚持"慢"的教育。

有的家长因为非常喜欢孩子，也希望孩子能按自己的想法去做事情。因此当孩子还小的时候，喜欢逗弄孩子。孩子在自己玩玩具，他们偏要过去和他说话或者"摧毁"孩子的玩具，等等，这样就特别容易打断孩子的注意力，长此以往，导致孩子注意力不集中。还有的家长在家里没有制定一套共同的规则，孩子在家过分散漫，随心所欲，缺乏自制力，因此难以形成良好的注意力。

现在物质条件越来越好，家长也毫不吝啬为孩子买很多的书籍和玩具，殊不知过多的外界刺激会让孩子难以选择，每一个玩具、每一本书都是玩不了多久。看不了多久就放在一边，只能给孩子带来短暂的快乐。

另外，千万不要随意给孩子下"多动症"的定义。这是一种精神障碍，是需要医生确切的诊断标准才能判断的，家长如果觉得孩子的行为异于其他孩子，可带孩子去专业机构进行诊断治疗。

知识科普

多动症：全名为注意力缺陷障碍（ADHD），指一些智力正常或基本正常的孩子表现出分心、好动、活动过度的行为冲动。

对于多动症，家长要正确地看待，如果觉得孩子呈现出一些多动状态，不要主观地去"贴标签"，而应该去专业的医院进行测试、检查，然后给予孩子正确的治疗方式。只要经过恰当的训练和正确的干预，多动症儿童也会有所成就。

多动症一般在7岁之前就表现出来了，3岁、8~10岁是发病的高峰期。判断孩子是否有多动症，可以从两个方面进行检查：一是孩子是否存在注意缺陷的症状；二是孩子是否有多动或冲动的症状。

2. 记忆力的发育

孩子的记忆力也是家长十分关注的话题。为了能让孩子记得多、记得牢，很多家长都想尽了办法。但如果不尊重儿童记忆力发展的规律，一味地

"强塞硬灌"，不仅无法加深孩子的记忆，还会影响孩子大脑的发育。大脑中和记忆有关的部分是大脑皮质中的前额叶，而大脑额叶要到学龄期才能发育成熟。幼儿时期语言能力发展缓慢，孩子记忆主要以形象记忆为主，所以孩子的记忆容量较低。幼儿在3~7岁这个年龄阶段，短时记忆的广度均数为：3.91，5.14，5.69，6.10，6.09个单位，此处的单位可以是一个数据、一个词语、一组信息。因此幼儿的记忆往往缺少目的性，他们更容易记住令他们感兴趣的、印象鲜明的事物。他们在3岁前并不能真正完成有目的的识记任务。在心理学中也将记忆分成两类：无意记忆和有意记忆。无意记忆是指没有什么明确的记忆目的，是在生活中自然而然地记住了一些东西；有意记忆则是指有明确的记忆目的，是有意识、自觉地去识记一些东西。

有意记忆要在幼儿园中班或者大班时才开始发展，但会一直低于无意记忆，到了小学阶段，有意记忆才能赶上无意记忆。因此家长要尊重孩子的记忆发展规律，并有意识地培养孩子的记忆能力。而在儿童阶段最有效的记忆f方法便是带孩子做游戏，在游戏中记忆，在游戏中学习。比如充分利用孩子的感统器官将新的内容与已知内容联系起来，当孩子认识一种新水果时，可以摸摸水果的表皮，看看它的样子，尝尝它的味道，还可以与其他水果的颜色、大小、重量进行比较。

家长还可以根据孩子的实际情况教给孩子们一些方法：

逻辑顺序法：带孩子参观博物馆，可帮助孩子有意识地去回忆一些顺序线索。比如，刚刚从哪里进来的？最先看到了什么？还有其他什么东西吗？

联想记忆法：家长可以利用孩子的形象思维，发挥孩子的联想和想象力，将需要识记的知识与孩子已有的知识联系起来。

3. 语言能力的发育

儿童语言能力的发展也是大脑不断发育的体现。婴儿一出生就对语言的线索极为敏感，能准确地分辨出人的声音与其他声音的区别，出生三天的婴儿就可以辨别出母亲的声音。儿童的语言发展大约需要经历三个时期，单词句时期（14～18个月），电报句时期（18～24个月），学前时期（25个月～5岁）。把握儿童语言发展的规律，多和孩子进行对话，能大大促进儿童语言能力的发展。

4. 动作与行为发育

儿童动作的发展反映出儿童生理、心理发展水平，是思维发展的基础和表现。儿童的动作发展遵循着头尾原则、远近原则和顺序原则。

头尾原则是指上身的动作先于下肢发展，如婴儿都是先能转头后能翻身；远近原则指的是从中心到四周，比如儿童是先能坐再能走；顺序原则是指动作发展表现出一定的顺序性，如大运动先于精细运动。

二、如何进行适当的养育

正是因为在儿童早期，大脑的发育如此迅速，因此保护好儿童的大脑，对孩子今后的学习、生活都有很大的好处。

孕期保持好心情

母亲在孕期便要保持心情平和，减少压力。儿童的脑细胞大多数是在怀孕4~7个月之内产生的，丰富而均衡的营养对胎儿的脑部发育非常重要。处于发育中的胎儿对压力十分敏感，母体在有压力的情况下会产生对胎儿不利的因素，影响胎儿的发育。因此，妈妈怀孕期间一定要尽量保持愉快的心情，多和肚子里的宝宝对话、互动，保持合理的作息时间、生活规律及饮食习惯，从胎儿时期就给宝宝一个健康的大脑。

培养良好的亲子关系

从孩子出生开始，父母就应该去思考，如何给孩子创造宽松的养育环境，培养亲子关系。大脑是一个非常敏感的器官，我们生活中遭受的任何事件、情绪，大脑都会将其储存。当孩子处于不愉快的家庭环境中时，大脑就会通过消耗大量葡萄糖来处理这些压力，而葡萄糖主要是用来促进儿童的认知发展的。因此，在比较宽松的家庭环境中成长的孩子显然要比在紧张环境中成长的孩子更灵活，甚至更聪明。父母还应避免对孩子进行过度的"早期智力开发"。一些父母认为，正是因为婴儿时期孩子的神经元比成年人多，所以进行早期的"智力开发"对孩子来说更有益处。其实不然。早期的训练和智力开发应该适度，不应抱有期待和带着目的去"开发"孩子，而应该是让孩子在轻松、愉悦的环境中不带目的地去"学习"，如果训练内容过多、强度过大、难度过大，不仅不利于孩子发展，反而会损害大脑的正常发育。

进行感统培养

父母可以在养育过程中充分调动孩子的感统器官，如婴儿时期对孩子进行抚摸与按摩，儿童时期多和孩子进行拥抱，给孩子不同的色彩刺激，闻各种各样的气味，品尝各式各样的食物，触摸不同质地的物体等，让孩子的五感得到不断刺激。

亲近大自然

人是来自自然的，让孩子走进大自然，能促进大脑发育。现在城市的孩子生活在钢筋水泥的环境中，鲜少有机会亲近大自然，感受自然带给人的感官刺激。因此父母可以利用周末、节假日时间有意识地带孩子离开城市，走进大自然，强化孩子的各种感觉通道。这样不仅能使左右脑协调发展，还能在自然的情境中，帮助孩子提高思维能力、记忆能力等。

给孩子建立控制感

前面之所以谈到脑的发育特点，主要是希望从脑科学的角度帮助家长意识到，孩子每个阶段的成长都有其自身发展的规律，因此只有尊重这个规律，才可能更好地培养孩子的自控力。

什么是自控力？自控力，即自我控制的能力，指对一个人自身的冲动、感情、欲望，面对一些事物、突发事件、感情问题、面对金钱权利等一系列的诱惑而进行的自我控制。对于儿童来说，培养其自控力首先应该挖掘的是其内驱力。内驱力实际上就是我们经常提到的内部动力。我们时常发现，为什么两岁的孩子能够自发地拼搭两个小时的积木而不知疲倦，这就是因为孩子的内驱力被激活了，做一件自己喜欢的事情毫不需要意志力的参与。很多家长经常讲"要是搞学习能有玩玩具那么持久和专注就好了"，其实这句话背后的疑问是：为什么学习没能激发孩子的内驱力？

究其原因，很多时候是因为家长一开始就打破了孩子的控制感。

孩子的控制感体现在成长中的方方面面。我们在前面之所以提到儿童发展的规律，就是因为这个规律背后体现着孩子的控制感。如，孩子在一岁左右就开始尝试自己吃饭，这个时候家长如果总是担心孩子吃不好，就会给孩子喂饭，长此以往实际上就剥夺了孩子自己探索吃饭的能力，久而久之，孩子便不再自己吃饭了。这个部分的自控感就被无形剥夺了。

因此，在孩子成长的过程中，家长要善于去观察，孩子在这个阶段需要培养什么样的能力了，再放手让孩子去尝试和探索，这样，孩子才能慢慢建立起自己的节奏，感受到自我控制的快乐。

焦虑是会传染的——控制焦虑

一直以来总有一句话萦绕在家长耳边，那就是"让孩子赢在起跑线上"。很多家长视这句话为金玉良言，所以在孩子很小的时候就开始为孩子进行很多早期的教育。

比如，在孩子幼儿园时期就开始教孩子拼音，强迫孩子写字，要求孩子静坐，等等。家长总认为这些事情早做，就会在一些方面占有优势。殊不知，这样做并不利于孩子的成长，反倒加速了孩子的焦虑。

焦虑是会传染的，传染的不仅仅是自己，更让孩子也从小生活在一种焦虑的环境当中。家长在自己焦虑的过程中，往往容易迷失方向、失去判断，一味地以别人的速度作为自己的标杆，总觉得别人做了这件事，那么这件事肯定就有其做的价值，因此"内卷"就形成了。可是，在我们"内卷"的时候，我们考虑过为什么要"卷"吗？我们"卷"的到底是自己还是孩子？我们"卷"的目的到底为何？如果家长对孩子的教育和培养没有清晰的目的，那么就很容易随波逐流，看见别人在学拼音，那么自己也要去学；发现其他孩子在学乐器，那么自己的孩子也必须跟上，之后就开始了与孩子漫长的"斗争"。为什么新闻里常常说"父母辅导孩子做作业鸡飞狗跳"，很大一部分的原因是，家长忽略了孩子在学习这件事上的自主性，"逼"孩子在做一件对他们而言并没有"太多意义"的事情，当然矛盾就会产生。

家长会觉得孩子为什么不努力，学习怎么变成了家长的事情？殊不知，家长不考虑孩子的需求就帮孩子做了很多决定，实际上也在剥夺孩子的"自控力"，他们发现父母已经把所有的事情都决定了，他们没有任何选择的余地，于是，就只会出现两种情况。一种是孩子知道反抗不了，所以只能被动接受，但是心不甘情不愿，做的时候也缺乏动力和热情；另一种则是奋力反抗，家长让做的自己偏不做，于是双方会产生激烈的矛盾，影响亲子关系，尤其在青春期更甚。

除此之外，家长也不要觉得，可以承认自己"焦虑"，但是觉得并没有影响孩子，自己只是在帮助孩子做规划。可是，孩子从出生开始就是极其敏感的，生活在焦虑的家庭氛围中，每天在家长的催促之中，难道孩子不会焦虑吗？而焦虑带来的影响便是，孩子在自己的学习中很难去从容面对，遇到事情也会不由自主地担心和紧张，尤其害怕一件事情做不好会受到父母的责备，因而更加焦虑，从此形成恶性循环。

让孩子畅游"白日梦"

很多家长会说，那孩子不努力，我不要求他，他怎么能面对今后人生中的挑战呢？其实不然。当我们了解了大脑的运行机制之后就会明白，并不是每天把孩子的生活安排得满满当当，孩子才会进步，反而是要给孩子一些"空间"，一些做"白日梦"的时间，才能让他更好地学会"自控"，有能力投入到更多的挑战中。

20世纪90年代中期，神经科学家马库斯·雷切尔发现，当我们专注于一个任务或者目标时，大脑里的某些部分会变暗。之后，他和同事们给这些变暗的部分命名为：默认模式网络。到2001年，雷切尔发布了一项研究，说明为什么大脑的这些部分会亮起的原因：大脑正处于警觉状态，但不专注于具体的任务，意思就是大脑也在进行"休眠"。雷切尔进一步发现，那种能激活默认模式网络的分心时光，对于健康的大脑来说绝对有着重要的影响。

哪怕我们仅仅闭上眼睛，深吸一口气，再呼出去，这也对大脑恢复元气有帮助，更别说给大脑多一些"放空"的时间了。这个默认模式的网络一旦被激活，我们就会开启思考模式，思考过去和未来以及思考一些需要解决的

问题，而这些问题对于自我意识的培养都至关重要。默认模式网络允许大脑进行主动的分析和比较，试图去解决问题，并创立一些替代性的解决方案，但是你若专注于人物，这个网络就无法激活。意思就是，当我们不专注于任务时，就是我们在做"白日梦"的时间，大脑看似在"休眠"，其实它是在积蓄更大的能量，也就是认知心理学领域的科学家杰罗姆·辛格提到的心智漫步状态，当我们处于心智漫步的模式而不是处于以任务为中心模式时，才更有可能激发我们对问题解决方式的思考。

而当我们的默认模式网络能高效地加以切换，那么我们在处理日常事务时就会做得更好。这就意味着家长应该更多地给予孩子一些空间，让他们自由地去联想、去做"白日梦"、去独处，这个过程是十分宝贵的，他们在这个时候也在不断发展着自己的自控力，帮助他们在大脑松弛的时候找到解决问题的办法。

进行正念、冥想训练

除了上一节提到的做"白日梦"的方式之外，我们还可以通过正念、冥想等方式，帮助提升孩子脑部的自控力。

已有的很多研究都表明，正念、冥想等训练可以帮助人们保持平静和放松，并且针对抑郁和焦虑效果显著。

正念疗法是由一位叫卡巴金的博士提出来的。他提出正念是"一种有意的、不加评判的对当下的觉察"，在当下不做任何判断，使人的思想不再漫无目的地发散、妄想，而是将内在和外在的意识体验专注于当下的事物。卡巴金博士强调，正念是一种心理过程。而我们在教授儿童青少年进行正念训练时，首先也要学会将注意力集中在呼吸上，并在进行呼吸时注意此刻的思绪，可以经由正念来监控自己的想法。

根据卡巴金博士的定义，正念有以下几个特点。

第一，觉察。在冥想/静坐或者以其他方式练习的过程中，让自己的意识关注在某个事情上，比如让自己放松等，同时，有目的地关注自己的身体变化，认真觉察身体和意识的体验，注意自己身体和外界的联系。

第二，关注当下。主要通过关注自己的呼吸让意识和思绪回到当下，因为人不可能离开呼吸，呼吸是最代表当下的。同时，注意呼吸的节奏，但不要刻意改变它，而要专注感受呼气与吸气的过程。在不断关注呼吸时，加上不断觉察身体和意识的体验，人们飘忽不定的意识和思绪就会逐渐回归到当下。

第三，对意识和思绪不做任何判断。对脑海中涌现出的各种思绪和念头不要做任何是非判断，而是不断接受这些思绪和念头，当接纳所有的想法和念头时，就不会因为一些念头而产生后悔和内疚的情绪。这样，会有利于正能量的产生。

已有研究表明，一些正念练习可以降低孩子的压力、攻击性和社交焦虑，同时能让孩子在数学领域中表现更好。正念的课程一般包括：冥想引导、可视化练习、呼吸练习、正念瑜伽、音乐练习以及一些积极的自我表达等，有兴趣的家长可以购买相关书籍和课程进行了解，因为不是本书的研究方向，因此不再加以赘述。

冥想源于瑜伽词汇，但现在已经广泛应用到生活中的方方面面。冥想的目的是集中精神、放松心灵，最终达到对自我意识更清晰的掌控和内心深处的平静。许多研究表明，冥想可以让身体得到深度放松，其效果甚至优于睡眠。而对于孩子来说，当身心处于放松状态下，则能更好地拥有自我掌控的力量，也就是自控力将得到提升。

冥想其实并不复杂，投入百分百的专注力时就是一种冥想状态，走路、听音乐、跑步等时间都可以看作是冥想状态，重点就是集中所有的专注力。当你进入深度的专注，会发现身心极度的放松、宁静，但是我们很少会知道这就是一种冥想的状态。

冥想方式有很多，主要分为两大类：聚焦冥想和禅宗冥想。唱诵、引导冥想，任何用意识主导的就是聚焦冥想；完全开放，任何东西进来大脑都不起反应，也不主导自己的意识，这就是禅宗冥想。

对于初学者来说，不用全部都尝试，一般使用引导词来引导的冥想是最适合的，听音频、制造画面等主导意识的也可以。在冥想初期很多人觉得静不下来是很正常的，其实只要坚持下去就好。当念头进来时，不要跟踪它，不要理它，将意识专注到冥想引导词上；当有念头再进来时，再将意识拉回到冥想引导词。当你不断地练习，随着练习的深入，你的头脑会慢慢安静下来，会很快进入一种比较平稳的意识状态，不要心急。

冥想最简单、最基础的就是关注自己的呼吸。呼吸是生命最根本的东西，调整呼吸的过程中，头脑的思绪会慢慢地安静下来，即使还有思绪迸发出来，还是要将意识专注到呼吸上，不断地重复练习，慢慢地，你会有所收获。

多年来，对冥想的研究表明，每天两次，每次冥想10～15分钟的孩子会体验到压力水平、焦虑水平和抑郁状态的显著下降和改善，同时也会更少表达出敌意和愤怒。同时，他们也睡得更好，思维变得更有创造力，健康水平提升，自尊水平提升，在认知和学业上也做得更好。

我们在此并不是强迫孩子去冥想，而是提供一种可以让孩子释放压力、放松自己的方式。家长如果对冥想感兴趣，也可以先去了解相关的知识和信息，然后和孩子进行讨论，如果孩子能够接受，可以和父母一起进行练习，逐渐感受冥想的效果和魅力。

保证充足的睡眠

好的睡眠是一切活动的基础。但是随着人类社会的发展，自从电灯出现之后，人类的睡眠时间就开始被无限地压缩。加之现代社会的科技发达，手机在全世界的全面运用，大家已经越来越需要依靠手机来进行生活，导致熬夜问题加剧。

缺觉会给人带来很多的负面影响。包括：造成慢性压力、影响情绪控制能力（对那些本身就容易患焦虑症和情绪障碍的儿童来说，缺觉是很大的诱因）、伤害身体，导致肥胖、影响学习等。

一项关于睡眠的研究实验中，一些小学六年级的学生被要求比平常早睡1小时或比平常晚睡1小时，并坚持3个晚上，那些睡眠时间比其他同学少35分钟的学生在认知测试中表现出了四年级学生的水平，他们实际上丧失了两年的认知能力水平。

这项实验告诉我们，让孩子保持充足的睡眠有多么的重要。我们总是靠牺牲孩子的睡眠来让他们学习更多的知识，殊不知，缺觉的他们不但没办法习得更多的知识，反而会影响学习效率，影响他们正常的神经功能，同样也影响他们的自控力水平。

所以，家长能做的，就是帮助孩子做好时间规划，让孩子享受充分的睡眠。在充分的睡眠过后，每个人都能体验到更强的控制感。那么孩子们到底需要睡多久才算是充分睡眠呢？

一般来说，学龄前儿童需要10～13小时的睡眠，其中还包括至少1个小时的午睡。6～13岁的孩子则需要9～11小时。而14～17岁的青少年至少需要8～10小时。18～25岁的成年人需要7～9小时。当然这只是一个大概的数据，对睡眠的需求因人而异，但是因为睡眠的调整而影响孩子的生物钟，这种情况也是不可取的。要改善孩子睡眠的环境，不让孩子从事过于激烈的活动，尽量减少喝水，把灯光调暗，关掉电子产品等，让孩子在一个安全、安静、轻松的氛围内逐渐入睡。

第二章
情绪管理是自控力的良药

　　情绪管理的能力在现代社会非常重要。在职场上，一个情绪稳定的人更能受到大家的欢迎和喜爱。但是脑科学研究也告诉我们，管理情绪的额叶部分要到三十多岁才能完全发育成熟，因此提前帮助孩子学习一些情绪管理的方法十分有必要。本章我们从压力谈起，了解负面情绪给孩子带来的影响并且是如何影响自控力的，也通过一些具体的措施指导家长对孩子进行相应的情绪训练。

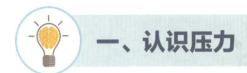

一、认识压力

　　谈到自控力的培养，就不得不谈到情绪的管理。在现代社会，越来越强调情绪价值，也一直强调情绪稳定的重要性。我们会发现那些善于管理情绪的孩子确实能更理性地去思考问题。但在日常生活中，我们也常常看到很多"熊孩子"，在公共场合不听家长的劝告，情绪失控。这到底是怎么回事呢？怎样才能进行情绪管理呢？我们还是得先从孩子的情绪发育谈起。

　　我们常常提到压力，那什么是压力呢？在中文释义中，我们对压力的物理方面的解释是：物体所承受的与表面垂直的并指向表面的作用力。如果那个作用力不超过物体本身，那么物体是可以承受的。这也说明，适当的压力对我们是没有危害的。但如果作用于物体的作用力超过了物体本身，那么物体就会变形甚至损坏。放在我们人类身上，也可以说明，压力过大会对人造成一定的负面影响和危害。

　　压力都是来自我们未知的、嫌弃的和惧怕的事物。对于我们来说，小到感觉到有点失衡，大到为生命而战，都和压力有关。神经科学领域的研究表明，低水平的控制感会让人感到极度紧张，同时便会形成过大的压力。只要缺乏控制感，压力就会产生。而压力过大对儿童的行为与表现与心理健康都有着负面影响。这个负面影响就包括负面情绪的产生，以及随之而来的一系列问题。

　　人类压力研究中心的索尼娅·卢比安总结了那些给生活带来压力的事，包括：新奇（你之前从没经历过的事）、不可预知（你预想不到却发生了的事）、对自我的威胁以及控制感。

　　正是由于孩子们缺乏自控力，导致孩子们对生活中发生的事情不可控制，然后就开始形成压力，并随之产生一系列的负面情绪，继而影响生活和学习。

二、负面情绪对学习的危害

在第一章我们谈到了儿童各方面的发展规律，随着儿童各方面能力的发展，其情绪管理的能力也是不断在发展的。研究表明，社会交往能力受到情绪调节能力的影响，情绪调节能力强的儿童，其社会交往能力和任务坚持性也强。

但是由于脑的发展是逐步变化的，因此孩子在早期是无法有效对自己的情绪进行调节的。

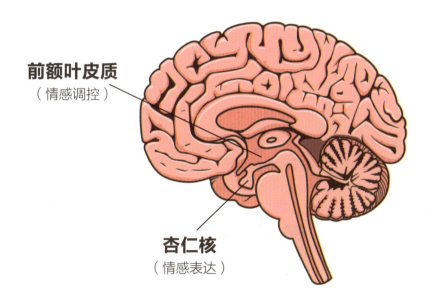

前额叶皮质
（情感调控）

杏仁核
（情感表达）

大脑中有几个对情绪调控十分重要的部位。一个是前额叶，一个是杏仁核。杏仁核是产生情绪、识别情绪和调节情绪的脑区，而前额叶是控制情绪冲动的脑区，它从2~3岁开始发育，一直持续到6岁达到高峰，之后发育趋缓。也就是说，3岁之前的儿童并未具备控制自己情绪的能力，因此当3岁前的孩子大哭大闹的时候，家长责备他们不能控制情绪是不合理的。

　　虽然3岁之后前额叶和杏仁核已经开始发育，但成熟的过程是比较漫长的，甚至成年后都不一定成熟（前额叶皮质的决策判断能力直到25岁左右才会最终发展成熟，情绪控制功能成熟得更晚，大约要到32岁）。因此当孩子遇到困难的时候，家长不能要求孩子马上控制自己的情绪，他们只是具备了一些情绪调节的能力，仍然需要成年人的指导，才能逐渐掌握更多调控情绪的方法。

　　而我们的情绪主要分成四大类，分别是喜、怒、哀、惧。这些情绪都是我们的一部分，它们没有好坏之分，但却有积极情绪和消极情绪之分。类似怒、哀、惧这类的情绪，就是家长们经常担忧的情绪。很多家长并没有帮助孩子将消极负面的情绪转移成积极正向的情绪，反而是不允许孩子去表达情绪，通过一些呵斥、威胁的方式压抑孩子的情绪，这样是不利于孩子成长的。

　　那么，负面情绪是每个人都会有的。如果家长不引导孩子正确认识负面情绪，那么孩子便不会处理负面情绪，从而影响学习和生活，尤其是负面情绪会导致压力的产生，那么孩子顺势就会变得焦虑、抑郁，对自我的掌控能力也会出现紊乱。

　　如果我们能帮助孩子更好地掌握自己，拥有自控力，就可以帮助他们缓解压力，从而更好地应对学习和生活上的挑战。

三、如何应对情绪压力

教会孩子认识情绪、识别情绪

当孩子出现情绪问题的时候，家长不要一味地去否认和回避情绪，或者急切地帮孩子处理情绪，首先要做的是，帮助孩子识别情绪。让孩子明白，此刻自己处于负面情绪当中，并且让孩子表达出此时此刻的感受以及造成当时这种负面情绪的原因是什么。家长可以多询问孩子的感受，比如：你现在感觉怎么样？你为什么会产生这样的情绪？你认为做些什么可以让你感觉好一点？在这个过程中，家长可以尝试去理解孩子，和孩子站在一起，去感受此刻孩子的感受，而不是试图和孩子讲道理、说服孩子，这样孩子不仅不会感到安慰，反而会产生逆反情绪。

认识情绪的方式

如何让孩子认识情绪，家长需要针对不同年龄的孩子做出适当的教育。对于年纪稍小一些的孩子，游戏是最佳的方式。孩子们不需要家长的说教和讲道理，将所有你想教孩子的事情放进游戏中，孩子在不知不觉中就学会了。比如：我们可以先找到一些情绪词汇，然后和孩子一起画一画情绪脸谱，让孩子认识各种各样的情绪，并在和孩子绘制脸谱的过程中，询问每种情绪带给孩子的感受，接着帮助孩子去识别自己当下的情绪感受。长此以往，孩子便会慢慢学会表达自己的情绪。

其次还可以通过角色扮演、绘画、阅读绘本、观看电影等方式，帮助孩子进一步认识情绪。

角色扮演的方式就是父母可以和孩子一起设置一个情境，互相扮演情境中的人物，尤其围绕一个情绪事件，通过角色扮演的形式呈现情绪，帮助孩子认识当处在一个情绪环境中的时候，该如何去应对。

阅读绘本也是一种极好的帮助孩子认识情绪的方式。现在有非常多的帮助孩子认识和识别情绪的绘本。比如：《我的情绪小怪兽》《菲菲生气了》《我变成一只喷火龙了》《我为什么不高兴》等，家长可以通过亲子共读的方式，帮助孩子在绘本中认识和识别情绪，找到在不同情绪中对应的排解方式，让情绪变得更能为自己所控制。

观看一些和情绪有关的电影也是一种极好的方式。这里要推荐那部大多数孩子可能都看过的关于情绪的电影《头脑特工队》，这部电影非常写实地帮助孩子们认识了我们身体里的5个小人儿，其实也就是四大类情绪中的喜、怒、哀、惧。这部影片折射出的一个最主要的信息便是：所有的情绪都是有意义的，人只有体验到各种各样的情绪，才能收获成长。

学会情绪暂停

我们都知道，当人处于一种负面情绪状态的时候，是很容易陷入到这个情绪中去的，且看不见外在的世界。因此，教孩子走出情绪的"误区"，帮助他学会"情绪暂停"是十分重要的。

当父母发现孩子出现了负面情绪时，要即刻帮助孩子按下"情绪暂停键"，用更为理性的方式去和孩子沟通，而不是任由孩子无端发泄情绪。

那么如何按下"情绪暂停"键呢？

· 第一步：察觉（我现在很生气/愤怒/沮丧……）

· 第二步：归因（这是我自己的问题）

· 第三步：处理（我需要自己独自待一会儿，让我的情绪好起来）

· 第四步：安全感确认（等我感觉好起来，我和你们一起解决问题）

按照上述四步慢慢和孩子一起练习，久而久之，当真的出现情绪事件的时候，孩子就能冷静下来按照这四步去操作，慢慢地和小伙伴一起结伴完成了。还可以在家里设置一个"情绪角"，之后当孩子需要的时候，可以待在情绪角里去反思和冷静。

提升积极情绪

之前谈到各种情绪都是我们人体的一部分，每种情绪的存在都是合理的。虽然消极情绪的存在合理，但是对于大脑这个精密的系统而言，我们人类本身就遗传了一个"负面偏好"的大脑，遇到事情本能地先注意坏的方面，然后让自己产生负面的情绪反应，这样就会陷入自己制造的"情绪怪圈"中。

那么家长可以做的是，我们要纠正这个"负面偏好"的大脑，多给予孩子一些正面的肯定，多去关注我们身边的好事，善于发现生活中的美好，以及切实而微小的幸福。有一个著名的积极心理学干预可以效仿，就是"三件好事"练习。

即家长要引导孩子去发现生活中美好的事情，并每天记录三件好事，至少持续一周。开始的时候一定是很难的，但是家长要帮助孩子去观察和发现：在我的周围有哪些让我感觉幸福的事？哪怕是再微小的事情，只要能让我们心理上感觉快乐、幸福，就可以了。通过这样的方式慢慢去纠正我们的负面偏好，最终变成一个多关注积极事物、充满正面能量的人。

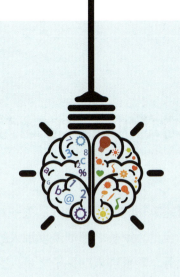

第三章
学习动力是自控力的马达

学习动力就像是汽车的发动机，要在发动机里加满油才能保证汽车开得远。而孩子的学习动力从哪里来？本章带领大家从学习动机出发，教家长帮助孩子厘清学习动机是什么，如何利用学习动机去有效地学习，其中还谈到奖励机制的使用，帮助家长有的放矢地运用奖励，激发孩子学习的积极性。

一、从学习动机看学习动力

　　谈到自控力，很多家长可能第一时间想到的就是孩子对学习的自控力，也就是我们通常说的学习自不自觉。家长们都很羡慕别人的孩子学习自觉，能做好自己应该完成的学习任务。羡慕别人的孩子之余，家长们有没有思考过：孩子之所以自觉的前提是什么？我们在孩子学习的时候，是把主动权和控制权交还给孩子，还是一直在旁边指手画脚？我们是让孩子自行决定如何完成学习任务，还是不断在旁边给孩子加码，做完一项又来了另外一项，让孩子喘不过气来，连休息都变得奢侈？

　　如果您觉得以上这些情况您似乎都有，那么我们就要来了解"学习动力"这件事。要让孩子自觉学习，首先要激发孩子的学习动力。就像机器一样，只有加了油，有了动力，才能发动，也才能提高效率。这个比喻虽然不太恰当，因为毕竟人不是机器，但是原理基本是一样的，就是只有动力充足，才能走得更快更远。

从脑科学的角度，我们可以普及一下学习动力的生理基础。在我们大脑中，有一个叫伏隔核的地方，它并不大，就小小的一点，但是掌管着我们做事情的动力。只要伏隔核兴奋，一个人就会有干劲。那怎么让伏隔核兴奋呢？方法就是：你要开始去干这件事。开始学习，学着学着就想学了；不想写作业，只要你开始动笔了，就会越写越愿写。这个心理学现象叫作行动兴奋，就是说通过你的行动来刺激兴奋的到来，从而让自己更有动力做一件事情。了解清楚这个伏隔核的作用之后，就会知道有时候一些行为并不是孩子自身造成的，而是因为我们没有让孩子产生行动兴奋。因此，我们就可以通过刺激伏隔核，让孩子对学习产生兴奋感。

在查阅了很多相关文献以及对很多孩子进行了访谈之后，我们发现，除了生理基础之外，还有一部分原因来自我们现在的教育评价机制。可能我们对很多孩子的激励与强化不够。正激励带来行为正强化，负激励带来行为负强化。而在现在的评价机制当中，每个班成绩好的学生一直被老师鼓励着，所以他们会越来越有信心，学习越来越好，被正强化了。那其他学生是什么情况呢？中等生可能会被忽视，差等生可能屡受批评，也就是说，大量的学生在学习中可能得不到成就感，被负强化了。因此，他们在学习上找不到存在感，于是学习兴趣下降，学习动力不足。

那么如何提升学习动力，提升学习效率？

动机是激发和维持有机体的行动，并将行动导向某一目标的心理倾向或内部驱力。动机这一概念由心理学家武德沃斯于1918年最早应用于心理学，被认为是决定行为的内在动力。而学习动机是指引发与维持学生的学习行为，并使之指向一定学业目标的一种动力倾向。我们将学习动机也分成外部动机和内部动机。内部学习动机，指的是个体内在需要引起的学习动机；外部学习动机，往往由外部诱因引起，与外部奖励相联系。

内部学习动机指人们对学习任务或活动本身的兴趣所引起的动机，是与自我奖励的学习活动相联系的动机，动机的满足在活动之内，不在活动之外，它不需要外界的诱因、惩罚来使行动指向目标。

因为行动本身就是一种动力。学生读自己喜欢的故事书，解答自己感兴趣的数学题，活动本身就能给他们带来愉悦，其动机来源于愉悦感带给他们的自我奖励，而不是这些活动对他们有什么功利价值。外部学习动机是指向学习结果的学习动机，往往由外部诱因引起，与外部奖励相联系。动机的满足不在活动之内，而在活动之外，这时人们不是对学习本身感兴趣，而是对学习所带来的结果感兴趣。这些外部奖励来自学习情景之外，例如有的学生学习就是为了获得一个好的分数；而且这些外部奖励往往是社会性的，如有的学生学习是为了取悦父母、老师或朋友等。

搞清楚内部动机与外部动机之后，家长要做的就是尽力去激发孩子的内在动机，点燃孩子内在的学习动力，这样孩子才会想要学习、愿意学习，从而能做到喜爱学习、终身学习。

那么如何去激发孩子的内在动力，让孩子对学习有源源不断的激情呢？

点燃内在动机，从激发兴趣开始

我们常说"兴趣是最好的老师"。我们发现孩子只要找到自己的兴趣，那么他们能在一件事情上坚持的时间超乎我们的想象。那为什么对于学习，孩子们却难以坚持那么长的时间呢？归根到底就是，我们没有帮助孩子建立学习兴趣。

但学习本身确实就是比较枯燥和无聊的，所以家长要帮助孩子感受学习的兴趣、建立学习兴趣，孩子才能真正地体会到学习的乐趣，才有可能愿意去学习。

美国心理学家布鲁纳曾经说过："学习的最好动力，是对学习材料的兴趣。"如果孩子对学习材料感兴趣，就愿意对这些材料动脑子，就会乐于思考问题，也会主动去问"为什么"，这就会使他们的分析、综合、比较、概括的能力不断提高。所以教师在教学时可以将学习材料进行解构，用孩子感兴趣的方式进行学习内容的教学，而家长也可以和老师形成合力，在日常生活中，不经意地去渗透一些和学习内容有关的信息，激发孩子的好奇心，引发他们的思考。

孩子什么时候学习最有兴趣？很多研究做出了以下概括：

· 发现知识的魅力时。

· 遭遇到理智的挑战时。

· 发现知识的意义时。

· 能学以致用时。

· 课堂氛围民主、和谐时。

· 被鼓舞和被信任时。

· 教师讲课生动活泼时。

· 主观能动性得到调动时。

· 心情比较愉快时。

· 有更高的自我期待时。

· 尝到学习的甜头时。

· 生物钟处于高潮期时。

· 能自由参与探索，在争论中擦出思维的火花时。

· 教师讲课深入浅出，能听明白时。

· 教师指导方法灵活多变时。

· 得到关注，对学习产生向心力时。

· 得到教师、家长的表扬，受到激励时。

· 考了好成绩同学羡慕或嫉妒时。

· 回答问题漂亮得到同学赞赏时。

· 战胜了学习的困难，有成就感时。

· 学习方法得当，成绩不断提高时。

· 学习负担适中，压力不大时。

· 睡眠良好，精神处于最佳状态时。

作为家长，我们在日常的生活中就应该善于观察和思考，应该尽力给孩子创造这些条件，激发孩子的学习兴趣。

学习态度良好，学习效率提升

我们经常说"态度决定一切"。这句话的意思就是说，良好的态度就是一件事情成功的开端。拥有什么样的态度，就会产生什么样的行为，从而就会决定什么样的结果。

学习态度也如是，良好的学习态度一定会对孩子的学习效率的提升起至关重要的作用。

那么，您的孩子的学习态度如何呢？学习态度是可以测试的，也是可以通过孩子学习时的状态观察出来的。比如：每次要学习时，总是磨磨蹭蹭，一会儿上厕所，一会儿喝水；能少写一个字决不多写一个字，能少做一道题决不多做一道题；写作业马马虎虎，觉得凑合就行。考试时，临时抱佛脚，熬夜苦读；考试一过，就把书本扔开；对自己喜欢的科目十分用功，对不喜欢的科目任其荒废……

如果孩子经常出现以上这些情况，说明孩子的学习态度不够端正，也就是对学习本身没有一个清晰的认知，不知道学习是为了什么。因此，我们也可以通过下面的问卷，来测试一下孩子的学习态度。

	让孩子根据自己的情况，在括号内填"是"或"否"		
1	上课老师提问时，能认真听其他同学的回答和老师的总结。	（	）
2	学习成绩比别人差时，就会感到难过。	（	）
3	做功课和接待朋友这两件事，更喜欢后者。	（	）
4	能把学习时间安排得井井有条。	（	）
5	觉得学习是一件苦差事。	（	）
6	作业中遇上难题，喜欢自己动脑筋去解决。	（	）
7	经常听课前不预习，认为预习无关紧要。	（	）
8	假期里也能每天坚持学习。	（	）
9	对不感兴趣的课程，不愿意花精力去学习。	（	）
10	喜欢和别人讨论学习中的问题。	（	）
11	听课时从不走神，总是尽量领会老师讲的内容和讲课的意图。	（	）
12	不在乎学习成绩好不好。	（	）
13	考试前"临阵磨枪"，觉得效果挺好的。	（	）
14	即使是特别喜欢的电视节目，在没做完功课前也不看。	（	）
15	老师留的选做题太难了，一般都不做。	（	）
16	就是想多学点知识，考试不考试无关紧要。	（	）
17	在学习上有忽冷忽热的毛病。	（	）

18	喜欢琢磨习题的多种解法。	( )
19	上课没听明白的问题，也不愿意问老师或同学。	( )
20	不埋怨老师讲得不好，认为学习好坏主要靠自己努力。	( )
21	喜欢能从教材中找到答案的问题。	( )
22	偶尔一次考不好，不气馁。	( )
23	在学习时，有点噪声就学不下去了。	( )
24	不管老师布置不布置作业，都有自己的学习内容。	( )
25	现在学习的东西，将来用不上，感觉白学了。	( )
26	平时有个小病小灾的，从不耽误学习。	( )
27	每次发下试卷，只听老师讲的试卷分析，不自己做总结。	( )
28	当天的功课当天完成，从不拖拉。	( )
29	不喜欢看课外参考书。	( )
30	有问题时非弄个水落石出不可。	( )
31	每天课后写完作业，就觉得踏实了。	( )
32	每次考试后，自己分析试卷，查缺补漏。	( )

　　将选择的结果计算一下：凡偶数序号的内容，选择"是"，请记上1分，选择"否"则0分；凡奇数序号的内容，选择"否"请记上1分，选择"是"则0分。将分数相加，按以下标准来评价自己的学习主动性：

- 25~32分，学习主动性很强。
- 16~24分，学习有主动性。
- 15分以下，学习缺乏主动性。

　　如果孩子的得分在15分以下，家长们要着力引导孩子端正学习态度了。

那么怎样才能培养孩子良好的学习态度呢，家长可以尝试从以下几个方面去教育：

1. 培养勤奋刻苦的品质

一分耕耘，一分收获。学习本来就是一件比较辛苦的事情，因此只有具备一定的勤奋刻苦的品质，才能克服学习上的困难。爱迪生有句名言："天才是百分之九十九的汗水加上百分之一的灵感。"这足以说明勤奋的重要性。

2. 学会积极主动地面对学习

积极的心态也会影响孩子面对学习的态度。如果孩子始终对学习保有一种积极的心态，那么他们在遇到学习上的困难时，会主动去想办法解决问题，而不是回避和绕道走。因此，家长在日常生活中，也应时刻注意培养孩子的积极心态，遇到事情时教孩子多去看事物正面的部分。每一个孩子都蕴藏着巨大的潜力，积极主动的学习精神是把潜力转变成能力的发动机、推进器。

3. 具有顽强的意志

一个具有顽强意志的人，是可以克服很多学习上的困难的。遇到困难不依赖别人，有毅力、有恒心，不半途而废，越到最后越要坚持。就像古人所说的"十年寒窗苦读"才会换来"一朝天下闻名"。荀子说："锲而舍之，朽木不折；锲而不舍，金石可镂。"这个道理众人皆知，但却很少有人能把它付诸实践。由此可见，顽强、有毅力对学习和成才十分重要。一定要让孩子克服学习上的畏难情绪，以顽强的意志、坚韧不拔的毅力去对待学习。

4. 养成虚心好问的习惯

学会表达是一项很重要的技能。在学习上，孩子们总会遇到不懂的时候，那么虚心求教就显得尤为重要。如果孩子能主动去向别人请教，这样既能提升孩子的社交能力，也能促进孩子学会解决问题的能力。

"知之为知之，不知为不知，是知也。"多问是对知识的一种渴求，是深入研究知识的一种表现。培养自己虚心好问的精神可以使人终身受益，好问的前提是好思。这样也就形成了一种良性循环，培养了孩子的思辨能力。

5. 合理规划时间，提升学习效率

要提升学习效率，家长就应该帮助孩子学会规划时间。每天除去上课的时间，孩子能支配的时间是有限的。那么当孩子学习任务比较多的时候，想要完成所有的事情，就必须让孩子学会合理地规划时间。家长可以帮助孩子先罗列出任务清单，再根据任务的紧急和重要程度进行分配，和孩子一起讨论出一张时间表。当时间表是孩子通过自己的需求进行安排的，孩子执行起来也会更心甘情愿，这在无形中就提升孩子的自我掌控能力。

除此之外，还可以教孩子利用"碎片时间"。鲁迅先生曾经说过："我是用别人喝咖啡的时间来写作。"我们可以

把每一段时间变成一个个"零部件"，"装配"起来，把每一天都变成一部充分运转的"机器"。例如，早晨可以在上学路上用耳机听听英语；课间可以和同学们讨论难题；放学的路上可以回忆老师当天讲过的内容，在脑海中"过电影"，尽量回忆每一个重点；晚上临睡前听听故事，锻炼自己的语言表达能力……

需要注意的是，虽然我们主张利用"碎片"时间，但也需要劳逸结合、有张有弛。我们希望每个孩子学得专心，玩得痛快。

有效的亲子沟通提升学习动力

研究表明，当孩子缺乏在父母身边撒娇和依赖的机会时，内心深处会缺少安全感，也会由于不受重视而自卑。因此，从小和孩子建立良好的沟通方式，能促进亲子关系的形成。而当孩子愿意去信任父母时，在学习上遇到困难时，自然也会愿意和父母分享。

可是很多父母从小就不太重视和孩子的交流与沟通，他们总认为只要把孩子的衣食住行保证好，孩子便能健康成长。殊不知，孩子也是一个独立的个体，而父母是他们第一任启蒙老师，孩子对父母的依恋和信任是超过所有人的，当孩子感受到父母的关爱后，自然而然也会愿意去信任父母。当他们遇到困难和挫折时，自然会愿意向父母倾诉。可是如果小时候孩子每每向父母寻求帮助时，得到的都是父母的拒绝，以及"等一等"，那么孩子便会逐渐收起心里那份对父母的期待，变得不再愿意表达，而等到父母再想和孩子沟通时，便会发现孩子甚至都不愿意和自己说话了。

我们建议，父母应该保证每天与孩子接触，给孩子高质量的陪伴。回家进门的时候，主动和孩子打招呼，并给孩子一个热情的拥抱，这会让孩子有"回家"的感觉；在陪伴孩子玩耍的时候，应该是全身心的陪伴，应该主动放下手机、离开电脑、搁下锅铲，和孩子一起进行亲子互动和游戏，让孩子感受到父母对他的关注。

家长也可以多安排一些和孩子在一起的亲子时光，例如吃饭的时候可以和孩子聊一聊最近的心情、学校发生的事情；傍晚可以和孩子一起运动，带着孩子跑步、打球等；晚上可以在一起看会儿电视，讨论新闻、交流看法。虽然工作日都很忙，但周末的时间可以尽量地安排，比如带孩子一起去户外感受大自然的美好，或者带孩子去看一场有趣的电影，拓宽孩子的见识，也可以带孩子参观科技馆、博物馆、美术馆等，提升孩子的审美鉴赏能力。但不管是做什么，前提都是父母全身心和孩子在一起，陪伴孩子。

这些陪伴就是我们指的"高质量的陪伴"，也叫作"优质时间"。意思是和孩子一起度过的时间的质量，比陪伴孩子的时间的长短更重要。从实际意义上讲，"优质时间"是指在和孩子接触时，对孩子的教育和充满爱心的关怀上所付出的时间。除了"优质时间"，还存在一种陪伴的"劣质时间"。有些家长虽然一直陪伴在孩子身边，但要么一直在监督孩子，要么在陪伴孩子时一直无止境的唠叨、训斥，这样不仅没有达到陪伴孩子的目的，反而让亲子关系受到影响。要想有良好的沟通，就必须和孩子多接触，走进他们的世界，和他们一起成长。

二、设置奖励制度

学习是一个漫长的过程，孩子基本上从小学开始就要接触到学习，一直到高等教育毕业，涵盖了人生至少19年的时间。这还是从狭义角度上来说。更别说，我们现在主张的是"终身学习"的概念，培养孩子坚持学习的理念。因此，我们对学习动力的培养，不仅仅是要激发学习的内在动力，更应该保持这个动力。但一件事情要坚持下去其实是不容易的，即便是感兴趣的事情都有倦怠的时候，更别提学习这件还比较困难、枯燥的事情了。那如何更好地维持这个动力呢？很多家长可能首先会尝试一种方式：那就是奖励制度。

说到奖励制度，实际上就是家长在孩子做到或者完成某项学习任务时给予相应的奖励。这个奖励也分为两种，一种是物质的奖励，包括奖励孩子一些喜欢的玩具、零食或者满足他们的某个愿望等；另一种则是精神奖励。比如说给孩子一些表扬、赞美、关注等，让孩子们有精神上的愉悦感

和满足感。

对于奖励措施，家长在一开始实施的时候确实发现效果极其明显，孩子一瞬间的学习动力大增，学习效果显著，可是一段时间过后，家长会明显觉得孩子后劲不足，已经无法再刺激孩子了。这是为什么呢？

有研究表明，奖励确实有助于培养孩子良好的习惯，改变孩子的行为，但是只能在短期内有效。因为奖励的功能是让孩子和我们合作，而不是从内部激发孩子的动力。因此，奖励其实是一把双刃剑。

为什么要奖励

父母们喜欢奖励，可能只是因为发现了奖励对孩子产生了一定的刺激，促进了孩子良好行为的产生，但我们为什么要奖励孩子？奖励会给孩子带来什么？可能这是很多家长都没有想过的问题。

此时，家长就应该去思考，奖励孩子究竟需要达到一个什么样的目的？我们难道仅仅只是想通过奖励让孩子产生我们希望出现的行为吗？而我认为，奖励的最终目的应该是让孩子不再需要奖励，但从需要到不需要的过程，恰恰是我们需要弄清楚的部分。

奖励的本质，在心理学中被称为"外部动机策略"。只是通过一些奖励的方式对孩子的行为进行适当的干预，孩子并不需要通过奖励创造出新的行为来。但家长要是一直以来使用的都是相同的策略的话，孩子可能就会习以为常，并不会内化为自己的行为。所以家长在

奖励时应该先想清楚，我们需要通过奖励让孩子有哪些改变？

其实我们之所以会想要奖励，是想要改变孩子的某些行为。而一种好的行为如果一直不断正面强化，最终是会变成一个好习惯的。当好习惯形成之后，其实奖励也就可以取消了。

但很多家长对于奖励这件事可能没有仔细地深究，觉得既然要奖励，那么就按照孩子的需求，他们想要什么我们就设置什么奖励，一旦他达到了要求就满足他。孩子其实是非常聪明的，一旦他弄清楚家长奖励的方式，他们就会开始钻研家长奖励的漏洞了。所以，家长在奖励的时候应该想清楚该如何奖励。

如何进行奖励

很多心理学家对奖励进行了研究，他们从奖励方式（金钱还是玩具、零食或者其他物品）、奖励的频率（多久奖励一次）、奖励的强度（奖励多少）、如何实施、奖励行为还是奖励结果、奖励的效果会有什么差别等方面进行了考虑。下面我们就给大家提供一些关于奖励的建议。

奖励的频率会影响孩子新的行为的产生，也会影响孩子的动力。如果我们一直保持同样一种频率，那么久而久之孩子也会疲软，失去兴趣。因此，作为家长，我们最重要的就是要打乱奖励的节奏，不要让孩子搞清我们的"套路"。

比如我们想要培养孩子自己整理书包的习惯，可以怎么做呢？很多家长可能想的是对孩子提出这个要求，然后要求孩子必须达到这个要求。但是如果孩子一开始就不会这件事，本身就找不到成就感，而家长却还以一种命令的口吻去要求孩子，那么孩子肯定会对这件事充满抗拒。因此我们想培养孩子的一个习惯，应该先教孩子，告诉他如何做，然后指导孩子亲自动手去实践，然后再和孩子讨论，如果做好了我们可以得到什么奖励。当孩子掌握了这项技能之后，他们也会更愿意去配合，其实这也是在无形中增加了孩子对事情的掌控感。

接下来，我们还要思考，这个奖励到底要如何实施？如果孩子出现了好的行为的时候，我们就给他奖励，短期来看，孩子确实动力很足。但久而久之，可能会演变成另一种情况，就是一旦我们撤销奖励，孩子便不愿意做这件事了。所以我们不能只给予单纯的物质奖励，而应该将物质奖励和精神奖励结合起来。我们奖励的频率可以是变换的，给孩子不定期的奖励，让孩子对奖励这种事情保持期待，就像开"盲盒"一样，孩子不知道自己哪天做好了就会有奖励，那么他就会一直有一个盼望，并且愿意持续去做这件事。

相比其他的奖励方式，这种奖励方案已经有质的提升了。但还有升级的空间，改进的方案是：把奖品随机化，设置几种孩子比较喜欢的东西，比如零花钱、看电影、玩具或者免做作业券等。还可以结合更多的非物质奖励，给予更多的自主权等。通过这些方法，我们就可以让孩子把自己的行为与兴奋、获得感联系起来，也能将这一习惯保持得更久。

可能有家长在使用奖励的时候还会用诸如小红花、小星星积点奖励的方式，老师们在学校也经常用到这种方式，在学习中激励孩子们。在心理学中我们把这种奖励方式称为"代币法"。代币法的优点就是系统简单，我们生活中对孩子行为的奖励可能不止有一种，但如果全都有马上奖励，既可能没办法全部到位，又可能让孩子快速失去对这种奖励的热情。因此代币法可以帮助家长准确清算出孩子具体做了哪些良好的行为，并集中进行奖励。奖励的内容可以和孩子进行商讨，设计一个奖励清单，将孩子希望得到的奖励填进奖励清单中。比如孩子做到了家长要求的事情，他们就给孩子一些特权，或者是玩多久游戏，或者是给多少零花钱。以小星星为例，集齐了多少颗小星星就可以兑换什么样的奖励，但同时，并不设置惩罚，因为用了惩罚会起到相反的效果。代币法的实施就像一个简单的系统，制定规则的人必须和孩子共同遵守，才能让这个系统有序地运行，并且还要不断去坚持才能见到成效。家长要有耐心，大部分的孩子都会对这个系统有相当正向的反应。

但同时，代币法最好只针对3~8岁的孩子使用，孩子年龄太大，会觉得这个方法有点幼稚。且代币法只适用于孩子行为的短期塑造，如果某个行为长时间依赖代币法的激励，意味着他的习惯养成是失败的。

奖励应该分成外在奖励和内在奖励。外在奖励满足的是低层次的需求，比如好吃的东西满足食欲、空调满足对温度的需求、玩具满足好奇心和新鲜感。但是外在奖励有一个很大的问题，那就是一旦满足，个人的动力将会迅速降低。想要再次激发动力，必须有更大的物质刺激才行。而如果一个孩子为了得到玩具而认真写作业，那么一旦他得到了玩具，写作业这件事就很容易被他抛到一边。内在奖励和外在奖励不同，它满足的是人的高级需求，比如自我存在的意义、学习本身的乐趣、对自我能力的肯定等。内在奖励的最大特点是，它指向事情本身的乐趣，不需要用外界的刺激来保持就可以自己"发电"。可以说，只有体会到内在奖励的力量，孩子才会成为一个能够自主学习的人。

前面我们花了很大的篇幅谈论奖励如何促进孩子的行动，并且更高效地达成目标。但无论奖励有多好，我们仍然有个特别需要注意的问题：孩子的行动到底是为了奖励还是事物本身的乐趣。我觉得，这正是家长需要关注的一个问题。

那些创造卓越成就的人，大多数在长期的努力过程中是得不到任何外在奖赏的。那些需要奖励、渴望肯定才有工作动力的人，常常并不具备独立完整的人格。他们努力学习是为了老师的表扬、父母的赞赏，进入大学，老师不再表扬成绩好的学生，他们就不再那么爱学习了。现在生活中充满了各种奖励和刺激，一旦我们需要依赖这样的刺激才能变得快乐，那么下一次的快乐必定会需要更大的刺激来生成。直到我们找不到更大的刺激来让自己变得快乐，就会感到生活无趣，甚至否定生命的意义。我们奖励的目的是激发起孩子对某件事情的兴趣及好奇心，让他们有想要做这件事的意愿，奖励永远只是一种手段，绝不能成为控制孩子的"武器"。所以在设置奖励的时候我们就应该去思考，什么时候取消奖励更合适。如果孩子的兴趣一直是依赖奖励形成的，那就不是真正的兴趣。真正的兴趣是做一件自己喜欢的事，哪怕再辛苦都甘之如饴，可以不眠不休都毫无怨言。我们需要帮助孩子的是把一件事变成他愿意做的事，兴趣来自这件事本身。比如我们奖励孩子阅读的目的是让孩子觉得，即使没有奖励，阅读这件事对他来说也非常重要，让他体会到阅读真正带给他的快乐和提升。而作为家长，我们要做到的就是在背后默默支持他们就够了。

三、关于孩子的学习风格

　　奖励是希望孩子的行为能得到改变，但有时候也会有家长觉得为什么所有方式都用遍了，孩子的学习仍然不见成效。家长们这时就会开始焦虑，有的像"热锅上的蚂蚁"，还有的"病急乱投医"，听到其他家长有什么好方法，就直接用在自己的孩子身上，殊不知，这样会起到反效果。有时候孩子的学习不见成效，有可能是我们没有弄清楚孩子的学习风格。

了解孩子的学习风格

　　什么是学习风格呢？学习风格指的就是符合个人特点的，能够使个人达到最佳学习状态的方法。不同的孩子有其不同的学习风格，只有弄清楚了自己孩子的学习风格，才能更好地对孩子进行学习辅导。

　　那到底如何才能知道自己孩子是什么学习风格呢？心理学家尼尔·弗莱明设计了学习风格调查量表（VARK量表），这个量表将学习风格分成了四类：视觉学习者、听觉学习者、阅读和写作学习者以及动觉学习者。

1. 视觉学习者

　　偏向视觉学习的孩子，就是比较喜欢用"看"的方式学习的孩子，这样的孩子喜欢看图、看视频、看课件等需要用眼睛来观察的东西。这种图画的东西能给到他们更多的刺激，帮助他们去识记和学习。但这类孩子的缺点便是如果离开图片材料，他们仅仅靠听，学习效果会大打折扣，也就是说要是老师上课没有做PPT课件，纯靠讲，他们可能会难以接受。

　　判断孩子是否属于视觉学习者，可以通过下面的题目自己测试一下。

自测题

如果你认为孩子可能是视觉学习者，请回答以下问题。

1. 是否需要看到信息才能记住它？

2. 是否密切注意他人的肢体语言？

3. 艺术、美感和美学对孩子来说重要吗？

4. 在脑海中将信息可视化可以帮助孩子更好地记住它吗？

如果以上选项里面有3～4项回答"是"，那孩子很有可能是视觉学习者。

2. 听觉学习者

与视觉学习者不同，听觉学习的孩子更善于听声音，以及从声音中去概括知识。他们善于从讲座、音频文件中获取信息从而提高学习能力，而对于阅读、视频等图画材料的识记能力较慢。父母可以让孩子通过下面的自测题来判断他是否为听觉学习者。

自测题

如果你认为孩子可能是听觉学习者，可以尝试做以下测试。

1. 喜欢听老师讲课而不是阅读教科书吗？

2. 大声朗读有助于孩子更好地记住信息吗？

3. 如果错过了某一节课，更愿意听课堂录音而不是看笔记吗？

4. 尝试过把要记忆的内容编成歌唱出来吗？

如果以上选项里面有3～4项回答"是"，那孩子很有可能是听觉学习者。

3. 阅读和写作学习者

这类学习风格的孩子更喜欢记录。比如做笔记、写摘抄等方式，他们坚信"好记性不如烂笔头"。

自测题

如果您觉得孩子是这种学习风格，也可以尝试做做下面的测试题：

1. 是否认为读书是获取新信息的好方法？

2. 在上课和阅读教科书时，会记很多笔记吗？

3. 喜欢制作列表、阅读定义并撰写文稿吗？

4. 当老师使用PPT或讲义讲解知识时，孩子喜欢这种方式吗？

如果以上选项里面有3～4项回答"是"，那孩子很有可能是阅读和写作学习者。

4. 动觉学习者

这种学习风格的孩子，可能很难安静地坐下来，但并不代表他不能获取知识和信息。因为他们学习的重要方式不是安安静静在那儿坐着看书、写笔记，他们对动手感受，亲身体验、亲手触摸的东西更有兴趣，更能激发他们学习的动力。但他们的弱点可能就是很难安静下来，对于不动的东西，靠视觉、听觉接受信息的能力较弱。

自测题

如果您觉得孩子是这种学习风格，也可以做下面的测试题：

1. 喜欢直接动手操作材料吗？

2. 很难长时间坐着不动吗？

3. 是否擅长绘画、烹饪、机械、木工和运动等活动？

4. 是否必须通过练习和操作才能学习？

如果以上选项里面有3～4项回答"是"，那孩子很有可能是动觉学习者。

了解了以上这些学习风格之后，我们便可以根据对孩子的了解和判断，知道他们学习风格的类型。我们经常说"因材施教"，对于不同学习风格的孩子，我们也可以根据他们的特点让他们使用更适合他们的学习方法，保持他们的学习动力。

如果孩子是视觉学习者，通过多播放视频，多看绘本、科普类杂志等方式更能对他们的学习成绩有帮助，也能锻炼他们的学习能力。

如果他们是听觉学习者，家长就可以经常用听觉的材料给孩子刺激，比如要求孩子在读书的时候读出声音来，或者多找一些适合他们的音频材料在上学途中或者休息间隙听，制造各种听的情境，帮助孩子学习。

如果孩子是阅读和写作学习者，那么我们也要鼓励他们在上课时多做笔记，把老师讲的重要内容记录下来，回来再根据笔记的内容认真复习，记录的过程其实就是记忆的过程，喜欢做笔记的孩子其实都是稳扎稳打的孩子，因为在实际课堂上，老师也会鼓励学生多做笔记梳理所学的知识，也方便之后在考试前能及时复习。

而属于动觉学习风格的孩子，就和阅读写作类学习风格的孩子恰好相反，要他们记笔记摘抄，对他们来说是非常难的，因为他们很难静下心来耐着性子去做这样一件在他们看来耗时耗力的事情，对于他们来说，要理解一个概念，最好的方式就是去亲身体验，用身体去感知。比如在科学学习时，老师讲一百遍理论知识，不及他们动手做一次科学实验来得印象深刻。他们靠着自身的经历获取经验，从而学到更多知识。

认知风格对学习的影响

学习风格是影响孩子学习动力的关键因素，除此之外，孩子也有不同的认知风格。心理学家把认知风格划分成三个不同的维度，分别反映了不同的学习特质。

它们分别是：

冲动型 —→ 沉思型

场独立型 —→ 场依存型

同时性 —→ 继时性

这三种不同维度的认知风格会给孩子的学习动力带来哪些影响呢？

首先我们来看看冲动型和沉思型的认知风格。这两个类型孩子的区别主要体现在反应速度上。

冲动型的孩子好像显得特别机灵，性格也很活泼热情，更愿意和人打交道。而沉思型的孩子往往看起来比较稳重，不太爱出声，所以有时不如冲动型孩子那么受关注。但是这并不能决定他们认知风格的高低，只是他们有性格上的差异而已。

冲动型的孩子虽然看起来机敏灵活，但他们的缺点则是做事"风风火火"，容易毛躁。一件事情他们可以三下五除二地就做完，但质量却不高。比如语文作业的书写不工整，数学也总是因为没看清题目而错题漏题。面对这种类型的孩子，家长要做的就是训练他们的"耐心"，可以经常提醒他们"慢慢来"。

　　比如家长可以有意识地训练孩子以比平时更慢的速度说话，或者和孩子比赛看谁能在不间断的情况下缓慢地说话，抑或是给他一些需要思考之后才能得出答案的玩具或题目，比如拼魔方、拼乐高等，让孩子能有耐心静下来、坐下来。

　　对于沉思型的孩子，家长需要做的事情则刚好相反，不是鼓励孩子"慢慢来"，而是应该多帮助孩子提高速度。比如做事情之前可以通过计时的方式给孩子设定规则，或者训练孩子一分钟即兴说话、三分钟讲出事物的用途等，这样能帮助孩子提高速度和专注力。

　　认知风格的另外一个维度，叫作场独立型和场依存型。什么是"场"呢？可以更简单地理解为"环境"，即一个大的空间。心理学家赫尔曼·威特金发现，有些人感知外部环境的时候，更容易被环境本身所影响，也就是受外界暗示很强，这种人称为场依存型；而另外一些人身处某种环境当中时，不太容易被外部影响，更多的是遵循自己内心的感受，他们会更坚定自己心里的判断，不会轻易被外界环境所影响，这种人称为场独立型。

　　这两种类型的孩子，各有各的特点。尤其是在学习的偏好和动力的保持上，有着明显的不同。场依存型的孩子在学习中容易受外部环境的影响，更依赖外部动机的刺激，或者遇到喜欢的老师可能对该门学科的学习热情也更大，他们需要更丰富的学习材料给他们刺激，因此在学科兴趣上，他们更倾向于喜欢社会科学；而独立型的孩子对外界依赖少，很相信自己的独立判断，学习材料不足时，他们也可以通过自身努力去弥补不足，在学科兴趣上，他们更偏向于喜欢自然科学。另外，场独立型的孩子，学习动力通常以内在动机为

主，对学习本身感兴趣；而场依存型的孩子更依赖外部反馈，当受到批评或打击时，学习成绩容易下降。

认知风格的第三个维度就是同时性和继时性。怎么去理解这两种不同的风格呢？心理学家从信息加工的角度去理解这两种风格。

简单地说，同时性认知风格就是可以"一心二用"的人。这样的人可以同时兼任多种任务，切换自如，且能很好地处理与解决问题。而继时性认知风格的特点则是"一心一意"，因此只能做一件事，分身乏术。比如有一些人在打电话时就没法接住身边人的对话，只能关注眼前的一件事情。

综上所述，如果孩子学习出现了问题，不能仅说"孩子不努力、不认真"，而应该更多了解孩子的认知属性。这些认知风格都没有好坏优劣之分，我们只是通过孩子的处事风格，给他们一个相应的判断。

当我们发现孩子各有差异的时候，往往应该是家长学会放手的时候。我们要充分相信孩子的潜力，根据孩子不同的学习风格与认知风格，我们只需帮助与引导他们走向更适合的人生道路即可。人的一生十分漫长，我们不要只关注眼前，要相信孩子的未来是不可限量的。

不同孩子所表现出来的爱学习的行为也是各有差异的，有的孩子"爱学习"就会积极主动地学，家长会看见他们经常在读书、问问题；而有的孩子虽然"爱学习"，却看起来慢吞吞的，甚至有些懒散，一页书看半天都没看完。但这样的孩子，依然是在很积极地思考，并且可能会产生让我们意想不到的学习成果。

对学习风格、认知风格的了解，其实让我们感觉到一个孩子的成长是受到非常多的复杂因素影响的。而我们之前很多的认知可能都是错的！但我们还能不能培养好一个孩子？答案是"能"。孩子不是一个物体，他们是活生生的人，所以不要试图给孩子们下定义，他们通过努力就会获得自身的价值。因此把握孩子成长的规律，尊重他每个阶段能达到的程度，适当引导，偶尔帮助，更多的时候允许孩子自我成长。

关于学习的几点建议

如果家长尝试从这些方面去努力，相信孩子一定会逐渐调整自己，回到正常的轨道上来。除此之外，还想给家长几点小建议：

1. 不考虑结果，帮助孩子养成制定目标的习惯

其实很多家长都将孩子学习这件事本末倒置了。我们让孩子学习的目的并不是为了将来考上好学校，找到好工作能出人头地。学习的目的应该来自学习本身。如果家长对于教育孩子学习的目的不纯粹，那么孩子对学习也就难以形成内在动力，而是为了满足父母的期待而学习。所以在最初让孩子接触学习的时候，家长就要避免"唯结果论"，不要让孩子产生"我只有在学习上获得好成绩，学习才有意义"的想法。人生的很多事情并不一定最终都会朝着我们想要的方向发展，人生最终的价值取决于我们在努力当中获得过多少经验。就像希腊神话里的"西西弗斯推石头"一样，看似不断重复，但每一次重复中都蕴含着努力和经验。

西西弗斯是希腊神话中的人物，他是科林斯的国王。他绑架了死神，让世间没有了死亡。但是，这一举动触犯了天神，天神便要求他把一块巨石推上山顶，可是巨石只要一到山顶就又滚落到山脚。这是天神对西西弗斯的惩罚，让他永无止境地做这件永远都看不到尽头的事，天神认为再也没有比进行这种让人绝望的劳动更严厉的惩罚了。但是西西弗斯这一生就注定没有意义吗？

其实我们换个角度看问题，就会有完全不一样的视角，我们对西西弗斯的印象也就会完全颠覆。西西弗斯可以不选择把石头推上顶峰作为生命的意义，而把每一时、每一刻的勇敢无畏和勤奋努力作为意义，用无尽的斗争去对抗生命的虚无。

所以帮助孩子在一开始接触学习的时候，就要慢慢养成制定目标的习惯。可以利用清单，将即时目标、短期目标、长期目标进行罗列，从即时目标开始制定，完成了就在自己的目标清单上画勾，用这样的方式引导孩子观

察自己生活中有哪些事情是需要努力才能达到目标的。

2. 设立榜样，激励自己

　　孩子进入小学阶段，就会发现周围有很多优秀的同伴。有些孩子遇到别人比自己厉害，就会心理不平衡，继而产生不自信的心理。而实际上，在这个世界上总是"山外有山，人外有人"的，所以学会去欣赏比自己优秀的同学也是一种学习，从他们身上可以看到自己身上的不足，还可以学习对方好的经验。具体的做法是：可以在班里、年级里或者学校里找一个你佩服的同学，设立一个自己的榜样，并且照着这个榜样好的地方跟他一起互助学习。这样做既能让孩子学会从积极正向的角度去欣赏别人，也能通过他人看到自己的不足，从而不断提升自己。

3. 自我肯定，多夸夸自己

无论在学习还是其他方面，积极的鼓励和肯定，对于孩子的自信心的提升是很有帮助的。

这种方法看起来像是自我安慰，但是很管用，它在潜意识里告诉你自己，不用受外界评价的影响，做最好的自己。不断地夸自己，是建立正反馈的一种有效方式。相信自己的人，在今后人生中做选择时，都会非常坚定，因为他们知道，自己的选择哪怕是错的也是当时能做的最好的选择，至于结果怎样，本来也不是很重要。这样的话，孩子应对挫折的能力也会提高。

4. 保持自己的好奇心，给予学习可控感

很多孩子之所以对学习没有兴趣，缺乏动力，其实还有一个非常重要的原因，那就是缺乏对学习的好奇心。好奇心是人类所特有的，也是推动人类社会发展的伟大力量。如果学习能激发起孩子们的好奇心，他们就会不知疲倦、竭尽所能地去完成，但正是因为他们做的这件事情让他们觉得有难度，很难解决，就很容易磨灭孩子对学习的好奇心。因此家长要做的，就是通过对自己孩子的了解，找到适合孩子年龄特点的学习材料，然后让孩子自己感受到学习这件事就像探秘一样，不断去挖掘，就会找到宝藏。

好奇心还可以增加记忆，两者是相辅相成的。孩子的好奇心越强，就越愿意去学习，记忆的东西也就越多；另外，随着记忆的东西逐渐增加，所产生的好奇心就越来越强。当孩子形成这种正强化的反馈后，学习自然也会更有动力。

让孩子保持好奇心的关键是保持合适的学习速度。好奇心是由"你想知道的知识"和"你现在已经知道的知识"之间的那个差距决定的。差距太小，你可能会觉得无聊，希望差距再大一点；但差距太大，你可能又会感到茫然。要让孩子注意控制和把握自己学习的节奏，采用适当的方法将学习意外率调低，对做到"因材施教"和"个性化辅导"，这样孩子学习起来会有一种可控感，学习也会更加有动力。

5. 帮助孩子找到意义，拥有可以实现的梦想

其实孩子在很小的时候就会萌生"长大了会成为什么人"的想法。我们经常听两三岁的孩子说，我长大了要当科学家、宇航员，很多家长听了都会会心一笑。也许我们没有否定孩子的梦想，但内心里很多家长其实都把孩子的话当作童言，根本没有在意。可是，如果我们认真去对待孩子的梦想呢？当孩子说出他要当科学家、宇航员的时候，我们不断地去肯定他们，并不断在生活中对他们进行强化，让孩子坚定自己的理想，并愿意为理想去努力，说不一定真的有一天他们的梦想就实现了呢。事实证明，很多有成就的科学家都是从小就对自己的梦想坚定不移，并把它作为整个人生中为之奋斗的全部事业去做。当我们把一件事情赋予意义之后，就会把自己的全部潜能都发挥出来，最终完成了终极的自我实现。

著名心理学家弗兰克尔在条件艰苦的集中营内，受到非人折磨，还能写出影响全世界的《追寻生命的意义》一书，就说明当我们心中觉得有意义，就可以充分活出有意义的人生。孩子如果能找到学习的意义，那么即便未来没有实现最初的梦想，也会找到人生的意义。

第四章
习惯培养是自控力的框架

前面几章都谈到了很多家长对于培养孩子自控能力的方法与措施，但归根到底，自控的根源还在于孩子。自控能力的最终形成还在于孩子自己能控制自己的行为，能有主动选择的权利，能独立做出选择。因此对于孩子行为习惯的培养也就显得尤为重要。孩子能不能承担家务，自己的事情能不能自己做，会不会合理规划时间，有没有目标意识，都是可以从小培养的。在培养孩子自控力的过程中，要使孩子从他律（别人约束）到自律（自我约束）过渡，那么就需要陪伴他们不断练习。

一、自理能力的培养

随着生活水平的不断提升，很多家庭中只有一个或者两个孩子，家长们对孩子都看得很重，很多事情都为孩子包办代替，使得孩子的自理能力普遍下降，一年级的很多学生仍然不会自己系鞋带，甚至不会扣扣子等。

学生在学校的劳动教育也普遍缺失，以前每周大扫除的火热场景现在也很难在学校见到了，因为很多学校的清理工作已经被家政公司承包了。国家也在大力呼吁加强孩子的劳动教育，培养孩子的自理能力。2022年4月，教育部印发《义务教育课程方案和课程标准（2022年版）》，于2022年秋季学期开始执行，其中特别新增了《义务教育劳动课程标准》，再次把自理能力、劳动能力提上课程。

作为家长，配合学校培养孩子的自理能力也尤为重要。

什么是自理能力

自理能力是指人们在生活中照料自己、自己解决问题的行为能力。包括生活自理能力、学习自理能力、人际交往自理能力等。

但很多家长在养育孩子的过程中，非常重视孩子智力水平、知识技能等自理能力的培养，却忽视了穿衣、吃饭、个人清洁等生活行为能力的培养，导致出现了很多"高分低能"的孩子。

中国青少年研究中心的调查数据显示：有46.7%的父母经常代替孩子劳动，41.4%的父母明确表示孩子不做甚至不会做家务。造成这个结果的很大一部分原因在于家长过分地干涉孩子，包办代替孩子做一些原本孩子可以做的事情，还总以"他还小，等长大了就会了"的理由来欺骗自己。可是不从小就去培养，长大了怎么会突然有变化呢？

研究证明，爱做家务的孩子跟不爱做家务的孩子相比，就业率为15:1，前者收入比后者高20%，而且婚姻更幸福，心理疾病患病率也更低。

中国教育科学院对全国两万个小学生家庭进行调查的结果也表明，和不做家务的孩子相比，做家务的孩子成绩优秀的概率高了27倍。

所以，不要小看简单的家务劳动。它与孩子的动手能力、认知能力以及责任感的培养息息相关。孩子做家务的过程中，能获得自我满足感。能独立完成一件家务，对于孩子来说获得的成就感是很大的，在每一次拖地、洗碗、叠被子、洗衣服的过程中，孩子会发现原来自己能做好这么多事情，他们对自我的掌控感也更加强烈。当孩子获得成功的体验后，就会不断去尝试做更多让自己成功的事情，增加成就感，从而提高自己的生活能力和学习能力。

家长如何培养孩子的自理能力

1. 转变思想，学会放手

很多家长不让孩子自理时会说："我不是没让他干过，但是他干不好啊。"这样的家长看似想培养孩子，其实是否定孩子。孩子做一件从没有做过的事情，第一次、第二次肯定会做不好，因为他们的能力还达不到，但家

长如果一味否定，不仅会打消孩子的积极性，而且会让孩子产生自我怀疑。孩子前几次干不好是很正常的，我们要做的是给他们时间，帮助他们，教授他们具体的方法，这样孩子才能学会。

2. 给孩子树立家庭身份感

有些孩子确实不爱劳动，因为觉得很辛苦。这个时候，家长就应该告诉孩子，他也是家庭的一份子，家庭的建设离不开他的努力。可以在家里开个家庭会议，家庭成员互相商量，认领家务。根据孩子的能力给他一定的选择权利，做一些力所能及的事情，也加强他对事情的掌控感。

3. 带孩子走进大自然，体验自然劳动

自理的能力绝不仅限于在家里做有限的家务。多带孩子走进大自然，或者走进农村，让孩子亲自体验到劳动的辛苦和不易，明白我们的幸福生活是由很多人辛苦创造的。在假期可以让孩子参加夏令营，培养孩子整理内务，安排自己生活的习惯，让孩子在集体中成长，感受到责任感。

4. 家长作为榜样示范，做到个人自理

作为家长，要让孩子自理，首先得做出榜样。家长可以在家里和孩子一起承担家务，或者在旅行时让孩子一起整理箱子、收拾东西，春节时也可以让孩子一起购买年货、大扫除、张贴对联等，享受和孩子一起劳动的快乐。

孩子天生都有做好事情的愿望，重点在于我们是不是主动给他们提供这样的契机。一个聪明的家长不是做木匠，而是当园丁，我们可以给孩子浇水施肥，但最终孩子长成什么样，靠的是孩子自身的努力。

二、合理的时间规划

孩子要提升学习能力，有个非常重要的步骤就是做好规划。我们常常跟孩子说，做事情你要有计划、有目标，但孩子不是天生就会规划的，需要家长慢慢引导和教授。而目标规划能力提升之后，孩子对自控力的掌握就更能得心应手。

那么时间的规划和管理有哪些好方法呢？这里也和大家分享一些已有的关于时间管理的研究，家长可以根据自己孩子的特点进行选择。

时间管理4D法则

时间管理四象限法则（也叫作4D法则）是由美国管理学家史蒂芬·柯维提出来的。他把每天要做的事情按照"重要性"和"紧迫性"这两个不同维度加以区分，分为重要且紧急、重要不紧急、紧急不重要及不紧急也不重要四个象限。

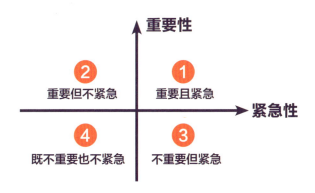

通常这四个象限是按照：重要且紧急>重要不紧急>紧急不重要>不紧急不重要的原则排序。但很多人做起来发现，我们无法对重要和紧急的事情做一个确切的划分。所以我们可以先弄清楚每个象限的背后都分别代表什么。重要且紧急意味着需要马上行动，因此当我们罗列了一天的事情之后，发现哪件事情符合这个要求，就必须立马行动起来；其次是重要不紧急，那意味着这件事情可以纳入我们的规划，稍后做；而紧急不重要的事情，我们如果实在精力有限，忙不过来，可以请别人帮忙，意味着我们可以将这类事情授权他人，让别人帮忙处理；那么不紧急不重要的事情，我们则是尽量少做，不要因为这类事情打乱自己的节奏。因此规划好这四类事件，便能更好地做好时间管理。

时间规划"三步法"

除了4D法则之外，如何具体地将时间进行规划呢？我们可以试试时间规划"三步法"。

第一步 记录和分析自己的时间支出

记录和分析自己的时间，同样需要三步。

1.列出你1年内的目标（不超过3个）。

2.准确记录自己最近几天每天的时间支出。

3.对照目标，对自己的时间安排进行总结。

第二步 分清责任及授权

1.判断什么才是真正重要的事。

可以通过这几个问题，分清重要的事和其他事的区别。

◆我需要承担的最主要责任是什么？

◆哪件事会使3～5年后的我有更高的收获？

◆这件事完成后，我是否会发自内心的快乐，是否能获得最大的自我满足感？

2.判断哪些是自己的责任，哪些是他人的责任。

3.判断哪些事是可以授权给别人完成的。

第三步　充分利用"碎片时间"

当今时代，大家的时间都变成了"碎片时间"，因此我们也要学会利用"碎片"，将碎片拼凑出一个完整的任务。当我们把最合适的精力用在最合适的时间，产生最大的效率时，主观上就会感觉时间变得充裕了。

父母怎样帮助孩子做好时间管理

第一步　让孩子感受时间

对于8岁以下的孩子，要想让孩子学会时间管理，帮他们认识时间，建立时间感是第一步。在这一步中，家长需要帮孩子达成3个目标。

① 让5～7岁儿童学会认识时钟

心理学研究发现，儿童要到5岁才能对时间的顺序有相对清晰的理解，这时大部分孩子能知道今天是星期几，并可描述昨天或今天早上发生了什么、明天可能发生什么。

这个时期是引导孩子认识抽象的时间——钟表的关键时期。家长可以和孩子一起制作一个有时针、分针、秒针的钟表，边制作边画，从而指导孩子认识。或者购买一个时针、分针、秒针都很清楚的时钟，带孩子观察。观察钟表

上时针、分针和秒针的特点，引导孩子观察当分针走一格的时候，最细的秒针要走多少?

② 让孩子把时间和具体行动联系起来

在教孩子感受时间、认识时间的过程中，就要不断让孩子产生时间的概念，给孩子具体的时间指向，告诉他们准确的时间。比如："现在是中午12点啦，时针和分针重合在一起了，一天也过完一半啦""现在是晚上9点，是我们的睡觉时间啦"。这样做可以帮助孩子把抽象的时间概念和具体的生活行为联系起来，并会逐渐形成时间概念。

③ 引导孩子初步学习预测时间

帮助孩子预测时间也是很好地理解时间的方式。可以先让孩子感受时间的长短，比如用计时器计时一分钟，让孩子感受一分钟，然后在孩子做一件事情之前让他预估，这件事完成大概需要多少分钟。如：根据今天作业的多少，来自行判断完成作业需要多长时间，在孩子预估之后用计时器来计时，让孩子感受自己预估和实际时间是否存在差距。长久地练习，就能让孩子对时间的感受更敏锐。

第二步 引导孩子做时间记录

有人说："世界上最公平的就是时间，分配给每个人的都是一样的"。正是因为时间给每个人的都是一样的，所以怎样去分配时间就显得尤为重要能充分利用时间的人就会更有效率。帮助孩子做好时间记录，能让他对一天24小时具有掌控感，让他有意识地记录每天在每件事上大约花了多长时间，以此不断增加他们对时间的感知能力。

① 运用时间记录表做记录

让孩子自己用尺子和笔制作这样一个表格，把每天要做的事情罗列出来，并且在表格中填写自己预估完成每一件事情的时间。然后开始做事，并用准备好的计时器或手机上的秒表记录时间，每完成一件工作，就把完成这项工作实际花费的时间填写到记录表里，最后，把实际花费的时间和自己的预估做一个对比，让孩子看看自己预估的是否准确或相差多少。

让孩子连续几天（最好是一周）预估和记录自己的时间，这样既可以让孩子逐渐了解自己做每件事的速度，也能让孩子发现实际的时间和自己想象中的时间有多大的差距，这样再做事的时候，孩子就会有意地提高效率了。当然，父母也可以引导孩子做更深一步的思考，如："你计划30分钟写完语文作业，结果花了50分钟，找找原因在哪儿？""为什么看电视10分钟一下子就过去了，写字写10分钟却要那么久呢？"

②通过画时间饼图做记录

家长也可以用画时间饼图的方式，帮助孩子更直观地看到自己是怎样利用时间的。也可以和孩子做晨起图或周末图等。

和孩子一起画时间饼图，可以让孩子知道一天只有24小时，1分钟也不会多，他需要在有限的时间内安排好时间；能帮助孩子更直观地看到每个行动

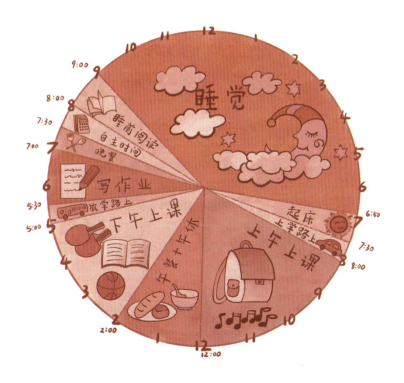

所占时间的比例；还能加深孩子对时间的印象，知道自己如果做事太磨蹭，就会挤掉游戏的时间。

第三步 制作时间计划表

我们还可以制作时间计划表的方式，将自主权交还给孩子，这也在无形中提高了孩子的自控感，感觉到自己能为自己的事情做主，但这个过程中需要家长引导，和孩子一起讨论，可以利用时间4D法则，按我们前面提到的规划方式分类事件，让孩子在"思考—规划—执行—发现问题—重新思考—解决问题—重新执行"这样一个不断练习的过程中进行实践，最终形成自我管理的能力。

时间段	内容	注意事项	计时（分钟）	完成情况
早上6：20~6：30	起床洗漱		10	
早上6：30~6：40	读书	英语、语文全文大声朗读2遍	10	
早上6：40~6：50	默写	英语、语文	10	
早上6：50~7：10	吃早饭		20	
早上7：10~7：20	整理书包出门上学	红领巾系好，要带到学校的其他物品准备好	10	
下午4：30~4：50	吃下午点心	饭前要洗手	20	
下午4：60~6：10	做老师布置的家庭作业	1. 坐姿规范，字迹工整，尽可能不用修正带； 2. 认真读题，看清楚再动笔； 3. 检查改正错题并抄写一遍； 4. 要背的课文先大声朗读5遍； 5. 预习课文，生字用荧光笔标出，试读2~3遍	80	
	没家庭作业	复习前面学过的课文		
下午6：10~6：30	自由活动		20	

晚上6：30~7：10	吃晚饭	饭前要先洗手	40	
晚上7：10~7：30	饭后活动		20	
晚上7：30~8：10	做课外作业	语数外各一课时，奥数0题5题	35	
	准备明天上学的文具	吸墨、削铅笔等	5	
晚上8：10~8：30	课外阅读		20	
	洗漱上床睡觉		10	
备注	1. 以上所有项目达标，每天可以奖励1元钱作为零花钱； 2. 如家庭作业及课外作业不能按时完成，从奖励中扣除1元； 3. 如表现良好，不需要父母督促，按时保质保量地完成可得到适当的额外奖励(由父母视情况而定)； 4. 如一周内每天任务都达标，奖励周六看电视或玩电脑的时间，时间自由支配。			

三、目标SMART原则

前面提到的时间管理，可以帮助孩子养成时间观念，学会合理规划自己每天的事情。除了时间管理能帮助孩子提高自控力之外，树立一个目标，也能让孩子对未来更有信心。我们经常会和孩子说，要做一个有目标的人，还会告诉孩子目标分成近期目标和远期目标，但是如果不对孩子进行目标管理，我们会发现孩子还是不知道如何制定目标。

提到目标管理，这里要给大家介绍一下目标SMART原则，它分成5个标准：具体明确（specific）、可衡量（measurable）、可达成（achievable）、关联（relevant）以及有具体的完成期限（timebased），以此来衡量这个目标是否实际、可执行。

SMART原则该如何运用？是不是运用SMART原则制定目标，就一定能够促进孩子达成目标？孩子在达成目标的过程中，遇到困难该怎么办？接下来，我们聊聊具体该怎么运用SMART原则去引导孩子制定可以激发有效行动力的目标和计划。

引导孩子制定目标和计划的两个前提

1. 孩子有自主达成目标的愿望，并理解目标的意义

自主是孩子做事有动力的关键因素之一。因此在制定目标时，家长一定要和孩子商量，他认为自己需要提升的目标是什么，而不是家长设定目标。因为如果以家长意志设计目标，孩子会认为这件事情带着强迫性质，不是自己真正愿意做的。而如果家长和孩子一起制定目标，孩子会更有积极性，也更愿意自主做这些事情。

2. 符合孩子的性格和能力特点

这是很容易被父母和老师们忽视的问题。不同性格和能力特点的孩子，

制定目标的方法肯定是不一样的。比如，一个学习习惯不好、学习成绩不佳的孩子，在制定目标时一定要把标准降低，这样孩子不会有心理负担，让他觉得这只是爸爸妈妈陪着他一起努力而已。爸爸妈妈在陪伴的过程中，其实也是一种变相的指导。慢慢地，一旦孩子养成习惯，就可以逐渐增加难度，这样孩子可以形成做事的自控感。

还有一种情况，就是当孩子对自己要求严格、期望值很高，但现实能力还不足并且缺乏自信时，该怎么办呢？在这种情况下，可以先用一个"高目标"来激发孩子做事的信心和动力，然后，再像进阶一样，帮孩子把目标细化为不同的阶段，让孩子看到在这个过程中，可以达成的每一阶段目标是怎样的。

家长们可以利用这一段时间，来观察和总结自己孩子的特点。比如孩子有怎样的性格特征？他对自己的期望是什么？他目前为止最高效完成一个计划的时间是多久？他有没有达成过目标？达成目标的过程是怎样的？其中作为家长的你做了什么，孩子又做了什么？

只有完全了解孩子的情况，才能根据这些特点，真正进入和孩子一起制定目标和计划的过程。

设计目标和计划过程的五大要点

1. 需是具体的、明确的（specific）

举个例子，孩子语文成绩不好，和家长分析试卷后，发现主要是作文扣分比较多。因此家长和孩子制定目标，下个月考试作文要提高十分。那么这一个月当中，孩子都需要在这个时间段去努力，从而达到目标。所谓的目标明确、具体，指的是要有具体的达成措施，能让人清晰地看到你为了达成这个目标做了哪些具体计划。

2. 需是可衡量的（measurable）

可衡量是指目标的达成能够通过具体的指标、事实或数据去进行评估。

还是用上面的案例举例子，要让孩子的作文成绩提高十分，那么就必须做点什么。这就是可衡量的。比如，多做阅读理解练习，摘抄好词好句，背诵优秀范文，多写小练笔等，通过不断练习帮助他去提升作文成绩。这就是一个清晰并且可衡量的目标了。

3. 需是可达成的（achievable）

可达成是指这个目标是现实的，在孩子目前的能力范围内，并根据孩子实际情况，具有一定的挑战性。这样，孩子既不会因为目标太高、太难而退缩不前，又能保持接受挑战的兴趣和动力。

4. 需与长期目标相关联（relevant）

关联是指在制定目标时，要考虑到达成目标的相关条件，分析几个目标之间是否冲突，以及这些目标是否和孩子最终想要达成的长期目标相关联。

前面例子里说要让孩子的作文成绩提升，就要考虑和作文相关的能力有哪些，比如读写能力、表达能力等，这些能力提高了，不仅提升作文成绩，还能加强语文素养。

5. 需有明确的完成期限（timebased）

没有完成时限的目标就没有约束力，不会让孩子产生紧迫感，也无法激发孩子的原动力，因此会难以达成。

如果孩子完成最终目标的时限是从现在到下个月考试的1个月，同时她给自己制定的各个具体目标和计划也有相应的完成时间。比如，提高阅读理解的时间是20天，练习小练笔的时间是一周两次，看课外书的时间是每天20分钟等。要根据不同目标达成的难度，设定相应的完成时限，并且要给自己留出一定的缓冲和调整时间。

如果在运用目标SMART原则时，能把每一个标准研究透彻，那么我们就可以帮助孩子更好地达成目标，也能提高孩子的学习动力，让他们对自己的目标有清晰的认知。

四、如何应对"拖拉"

孩子是慢节奏还是爱拖拉

很多家长都会为孩子"拖拉"的习惯感到头痛。生活中经常听到很多家长抱怨："孩子一做作业就一会儿上厕所，一会儿喝水，本来只要半小时完成的作业内容，有的孩子要两三个小时才能完成。"家长们对于孩子这个"拖拉"的习惯很不能接受，孩子一做作业父母就"看着"他们，坐在旁边监督他们，不停地提醒孩子，孩子一旦有一点走神，家长马上就开始念叨，最后导致有的家庭当中会因为孩子拖拉而爆发"家庭战争"。

父母与其一味责怪孩子拖拉，不如首先弄清楚孩子拖拉的原因。

首先，我们需要判断的是，孩子的拖拉到底是真的慢还是只是孩子本身的节奏。

著名儿童心理学家与认知论学者皮亚杰教授认为，儿童的认知和智力发展是有特定的顺序和阶段的，每个发展阶段都代表对世界的一种新的思维方式，与在此之前和之后的阶段都有着本质的区别。

他揭示出，11岁以后的孩子才能够进行包括抽象和逻辑推理在内的智力活动，他们不必经过实际操作就能想出大量的解决方案，有能力在完全假定的情境中解决问题。

我们在不了解儿童的认知发展阶段的时候，往

往会从自身出发，以为孩子的节奏应该和我们的节奏一致，殊不知，孩子还是一个小小的人儿，还在不断地生长着，我们是不能以自己的速度去要求他们的。

其次，当我们尊重孩子的节奏后，依然觉得他很拖拉，那么我们就应该去分析，孩子拖拉背后的原因是什么。

孩子拖延的原因

在众多的调查研究中，我们总结出孩子拖延的几大原因：

1.因为年龄发展的特点，孩子注意力的持续性还不够稳定

孩子从一年级开始正式接触学习，开始40分钟的听课以及回家完成相应的家庭作业，孩子们需要一些时间适应。当然每个孩子也存在一些个体差异，一般来说，孩子要到12岁左右，才能保持专注达到30分钟。那么如果孩子因为年龄小存在这样的情况，家长应该给予孩子更多的理解，尊重他们身心发展的特点。

2.学习基础没有打牢，学习起来比较困难

有些孩子由于小时候对于学习的兴趣没有培养好，没有掌握良好的学习方法，或者在课堂上没有保证听课效率，导致学习基础打得不牢固，回家完成作业的时候就会遇到学习困难的情况，从而导致拖延的产生。

如果孩子是属于这方面的原因，家长需要做的是学会怎么样更好地辅导孩子，帮助孩子重新巩固学习内容，查缺补漏，将不会的知识学会，才能帮助孩子建立学习的自信心。

3.亲子关系紧张，孩子借拖延抗议

还有一种情况是，随着孩子年龄的增长，自我意识开始增强。在一些家庭当中，父母和孩子的关系不太民主，父母总觉得自己应该"教育"孩子，

孩子出现"问题"必须教训，因此很多时候对孩子多是挑剔和苛责，导致孩子感觉得不到父母的理解，因此不愿和父母交流。于是借由写作业拖延这件事间接地向父母表达抗议，但有时候孩子的这种抗议可能是无意识的，需要家长仔细去识别，如果发现孩子是因为这个原因故意拖延，家长一定要注意自己的教育方法，多找机会和孩子沟通，努力调和亲子关系。

4.孩子时间管理意识薄弱，没有做好时间规划

正如我们前面讲的，孩子若是缺乏目标，不会规划时间，那么就十分容易出现对手头的事情感到无从下手的情况，捡了芝麻丢了西瓜，于是，时间不知不觉流逝了，而本该完成的事情却无限拖延。

针对这样的情况，有效的方法自然是教孩子做时间规划，将每天需要做的事情进行罗列，设计出自己的"时间清单"，估计一下自己做每一件事大概需要的时间，做完一项删除一项，这样既能很明显地看到自己的做事效率，也能感受到时间的流逝。

以上就是孩子出现拖延情况的一些原因，那面对孩子拖延的情况，我们也需要对症下药，帮助他们一一击破困境，这里就和大家介绍一些治疗拖延的好方法。

治疗拖延的好方法

针对孩子拖延的原因，找到正确的方式帮助他解决。

首先，给予孩子最大的支持与鼓励，让孩子知道拖延的行为只是暂时的，父母会与他一起克服现在的困难。

其次，利用前面的时间4D法则以及目标SMART原则，和孩子一起制定规划和时间清单，帮助他厘清由于拖延而耽误的可以利用的时间。

最后，将学习本身的职责归于孩子，让孩子自己掌握学习或者是写作业的主动权，家长不要一味在旁边焦虑，能事先对孩子的行为有各种预期和对策，不再死抱着那个所谓的"应该"，这样孩子学习的效率才会大大地提升，自主性也会越来越强。

第五章
心理效应是自控力的秘诀

生活中只要我们仔细观察，其实充满了很多心理效应。这些心理效应就是人们对待某件事时产生的内心活动。本章我们介绍了一些孩子在成长过程中会出现的心理效应，教会大家将心理效应的机制和孩子的行为联系起来，将其正确运用到孩子的教育上，那么孩子的自控力便能得到很好的发挥与体现。

一、善用"皮格马利翁效应"

皮格马利翁是希腊神话中的塞浦路斯国王，善雕刻。他不喜欢塞浦路斯的凡间女子，决定永不结婚。后来他用神奇的技艺雕刻了一座美丽的象牙少女像，在夜以继日的工作中，皮格马利翁把全部的精力与热情都赋予了这座雕像。他像对待自己的妻子那样抚爱她、装扮她，为她起名加拉泰亚，并渐渐地爱上了她。于是他向神祈求让她成为自己的妻子。爱神阿芙洛狄忒被他打动，赐予雕像生命，并让他们结为夫妻。

后来，著名心理学家罗森塔尔和雅各布森两位心理学家将其引入教育学中，称为"皮格马利翁效应"。

"皮格马利翁效应"主要是指期望、暗示的作用。你期望孩子成为一个什么样的人，这种情感和观念会间接地影响到孩子，他可能就会成为你期待那样。

所以，家长要对孩子充满希望，并时时鼓励孩子，提高他的自信心。

在电影《叫我第一名》中，主人公是一个患有妥瑞氏症的男孩。在当时的社会，大家对于这种病症不了解，面对主人公和其他孩子不一样的表现（不可控制地在课堂上发出奇怪的叫声的行为），周围的人都给予的是不理解和厌恶，总觉得他在故意捣乱。小男孩一度非常伤心，不愿意去上学。直到在学校一场公开的音乐演奏会上，当大家都在认真欣赏演员们的演出时，他又无法控制地发出了怪声，当他面对别人犀利的目光想立刻离开音乐厅的时候，这时校长将他牵上台，并当着全校同学的面肯定了他，表达了对他的期望。

这次的经历让小男孩大为震撼，从此他开始慢慢接纳自己，变得更努力，也开始学会不再在意别人的目光，每当看见别人对自己投来质疑和诧异的目光时，他反而还能调侃自己一番。

最后他顺利长大，变成了一个身心健康的大人，并且最终也成了一名教师。要是他没有遇见那个给他鼓励和期待的校长，或许他的人生和现在截然不同。

　　孩子要在充满期望的环境中生活，要经常听到鼓励的话语，如"这孩子真聪明""以后一定有出息"之类的话，这对孩子的成长是非常重要的。孩子对这种期望往往信以为真，陶醉其中，心里不知不觉地就形成了这样的观念，认为自己确实比别人聪明，对学习的兴趣也就更浓。当我们在心理上非常信任自己的时候，生理上就能调整到一个积极、活跃的状态，就能如自己所期望的那样达成一个个目标。

　　相反地，如果家长总是对孩子说"你真笨""你怎么老比不上别人"之类的话，久而久之，他会信以为真，脑海里可能会出现这样的想法——"我肯定不行"，结果本来能办好的事也办砸了。

　　作为家长，无论在什么情况下，都要对孩子寄予一种热烈的期望，并且使孩子感受到这种期望。这样，孩子就会确立一种良好的自我形象，并乐意为实现这种良好的形象而做出艰苦的努力，把自己潜在的天赋变为现实的才能。

二、多元智能理论

一个孩子的发展是多方面的，很多心理学家也在不断对孩子的智能进行研究，其中美国教育学家和心理学家加德纳博士提出了多元智能理论，这是一种全新的人类智能结构的理论。它认为人类思维和认识的方式是多元的。

该理论认为，智能是解决某一问题或创造某种产品的能力，而这一问题或这种产品在某一特定文化或特定环境中是被认为有价值的。就其基本结构来说，智能是多元的，每个人身上至少存在七项智能，即语言智能、数理逻辑智能、音乐智能、空间智能、身体运动智能、人际交往智能、自我认识智能；智能的分类也不仅仅局限于这七项，随着研究的深入，会鉴别出更多的智能类型或者对原有智能分类加以修改，如加德纳于1996年就提出了第八种智能——认识自然的智能。

作为家长，我们就可以去关注孩子拥有哪些智能优势组合，然后去引导和开发，帮助孩子发挥最大的潜力。

1.言语语言智能

言语语言智能指人对语言的掌握和灵活运用的能力，表现为用词语思考，用语言和词语的多种不同方式来表达复杂的意义。

言语语言智能比较突出的孩子未来适合的职业包括：主持人、律师、演说家、作家、教师、播音员等需要用到语言表达的职业。

家长可以观察自己的孩子在日常的生活中是不是能跟人很好沟通，表达自己的想法时有理有据、辞藻丰富，能用优美的语言讲故事，喜欢写作等，如果回答都是"是"，那就说明孩子的言语语言智能比较突出，我们便可以引导孩子多去接触这类的信息和知识，培养其能力发展。

2.数理逻辑智能

数理逻辑智能指人对逻辑结果关系的理解推理思维表达能力，突出特征为用逻辑方法解决问题，有对数字和抽象模式的理解力，认识解决问题的应用推理。

这类能力突出的孩子，将来适合的职业是：科学家、电脑工程师、软件开发人员、统计学家、会计等。

如果您的孩子思辨能力特别强，从小特别爱问"为什么"，抽象思维发展迅速，做事情能迅速理清逻辑关系，那么他可能在数理逻辑智能方面表现突出，家长要关注孩子这方面能力的发展。

3.视觉空间智能

视觉空间智能指人对色彩、形状空间位置的正确感受和表达能力突出特征为对视觉世界有准确地感知，产生思维图像，有三维空间的思维能力，能辨别感知空间物体之间的联系。

这类孩子未来适合的职业是：建筑师、摄影师、画家、飞行员、设计师等。

这类孩子方向感比较强，小时候就比较喜欢攀爬、钻洞之类的活动，长大之后也爱玩拼图、走迷宫等游戏并乐在其中，对一些图形、图表的理解很到位，喜欢做一些需要动手的事情。家长如果观察到自己孩子有这方面的特点，不妨多给他一些挑战。

4.音乐韵律智能

音乐韵律智能指人的感受、辨别、记忆、表达音乐的能力，突出特征为对环境中的非言语声音，包括韵律和曲调、节奏、音高音质较敏感。

这类孩子未来适合的职业是：歌手、音乐评论员、艺术家、调琴师、乐手等。

这类孩子天生就拥有非常敏感的乐感和节奏感，听到音乐会不由自主地律动，歌曲听过几遍就可以跟着哼唱，音准很棒，对于音乐、乐器等都非常感兴趣。家长如果注意到孩子对音乐非常敏感，那么不妨依照孩子的兴趣多给他一些音乐的熏陶，引导孩子走上艺术的道路。

5.身体运动智能

身体运动智能指人的身体的协调、平衡能力和运动的力量、速度、灵活性等，突出特征为利用身体交流和解决问题，熟练地进行物体操作以及需要良好动作技能的活动。

这类孩子适合的职业是：运动员、舞蹈家、医生、机械师、工程师等。

这类型的孩子看起来好像有点多动，能站着绝不坐着，每天可能都有释放不完的精力，总是在无休止的奔跑当中，可能上课的时候也有很多小动作，喜欢拆解一些东西的零件，那么这样的孩子就是身体运动智能比较优秀的孩子。

6.人际沟通智能

人际沟通智能指对他人的表情、说话、手势动作的敏感程度以及对此做出有效反应的能力，表现为能觉察体验他人的情绪情感并做出适当的反应。

这类孩子未来适合的职业是：公司领导、政治家、外交家、公关人员、业务推销员等。

这类型的孩子非常有领导力和影响力，和别人交往的时候往往能很好地和人沟通，重点是常常能说服别人，也很大方、乐于助人，因此往往能得到同伴的拥护。

7.自我认识智能

自我认识智能指个体认识、洞察和反省自身的能力，突出特征为对自己的感觉和情绪敏感，了解自己的优缺点，用自己的知识来引导决策，设定目标。

这类孩子未来适合的职业是：哲学家、心理学家、教师等。

这类孩子比较独立，思维很灵活，并且具有思辨性，做事情很能吸取别人的经验，并且为己所用。做事情有条理和规划，能自我反思，有自己的目标。面对这样的孩子，家长需要做的就是尽量放手，让孩子自己去做主，给他足够的自主权，那么孩子在长大之后将会成为更有思辨能力的人，也会形成自己独立的思考，不会轻率做出人生重要的决定。

8.自然观察智能

自然观察智能指的是观察自然的各种形态，对物体进行辨认和分类、能够洞察自然或人造系统的能力。

这类孩子未来适合的职业是：园艺师、户外探险家、农林学家、自然科学类研究者等。

这类孩子从小就愿意和大自然亲近，对大自然的一切都感到非常的好奇，喜欢蹲在地上看蚂蚁、毛毛虫，也喜欢追蝴蝶，观察自然界的动物、植物就可以花费很长时间，相当专注。喜欢做科学实验，也很愿意到户外去探险。对这类孩子，家长最需要注意的就是不要刻意去干扰他们，这类孩子有自己的节奏和世界，也会形成自己独特的理念和价值观。

三、认识"遗忘曲线"

在前面我们谈到记忆力的时候，就提到了记忆本身是有规律的。那么就不得不提到著名心理学家艾宾浩斯的"遗忘曲线"。艾宾浩斯通过研究发现了人们在记忆中可以遵循的规律，为我们提高记忆力、提升学习效率提供了依据。那么"遗忘曲线"究竟是怎样的呢？

遗忘曲线描述了人类大脑对新事物遗忘的规律。艾宾浩斯研究发现，遗忘在学习之后立即开始，而且遗忘的进程并不是均匀的。最初遗忘速度很快，以后逐渐减慢。他认为"保持和遗忘是时间的函数"，他用无意义音节（由若干音节字母组成、能够读出、但无内容意义即不是词的音节）做记忆材料，用节省法计算保持和遗忘的数量。并根据他的实验结果绘成描述遗忘进程的曲线，即著名的艾宾浩斯记忆遗忘曲线。

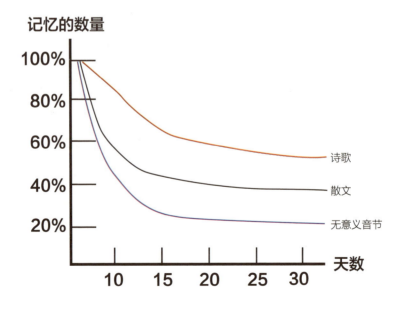

艾宾浩斯记忆遗忘曲线

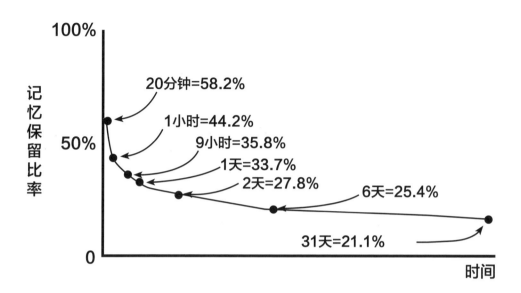

通过上面的两幅图，我们可以知道，这条曲线告诉人们在学习中的遗忘是有规律的，遗忘的进程很快，并且先快后慢。观察曲线，你会发现，学得的知识在一天后，如不抓紧复习，就只剩下原来的25％。随着时间的推移，遗忘的速度减慢，遗忘的数量也就减少。有人做过一个实验，两组学生学习一段课文，甲组在学习后不复习，一天后记忆率36％，一周后只剩13％。乙组按艾宾浩斯记忆规律复习，一天后保持记忆率98％，一周后保持86％，乙组的记忆率明显高于甲组。

如果遗忘遵循着这样的规律，那么我们就可以利用这个规律，在孩子学习的时候，尽量帮孩子从识记材料入手，让材料变得更吸引人，以及利用时间上的优势去强化和复习，这样就能达到事半功倍的效果。

那么在学习上，我们可以怎样利用这个记忆周期呢？

· 第一个记忆周期：5分钟

· 第二个记忆周期：30分钟

· 第三个记忆周期：12小时

· 第四个记忆周期：1天

· 第五个记忆周期：2天

· 第六个记忆周期：4天

· 第七个记忆周期：7天

· 第八个记忆周期：15天

所以，我们可以充分利用好这些记忆周期，在孩子需要记忆的时候，掌握这个记忆周期的规律，然后引导孩子去有意识地识记。比如当孩子在背诵课文的时候，按照艾宾浩斯的记忆法，在第2天、第4天、第7天、第15天的时候复习第1天背的内容，就会发现孩子不但记得很轻松，而且记得特别牢固。

我们还可以帮助孩子一起设计一张艾宾浩斯记忆曲线的复习计划表。如

下图：

序号	学习日期	学习内容	长期记忆复习周期（复习后打钩）							
			12小时	1天	2天	4天	7天	15天	1个月	3个月	6个月
1	月　日		1							
2	月　日		2	1						
3	月　日		3	2	1					
4	月　日		4	3	2					
5	月　日		5	4	3	1				
6	月　日		6	5	4	2				
7	月　日		7	6	5	3				
8	月　日		8	7	6	4	1			
9	月　日		9	8	7	5	2			
10	月　日		10	9	8	6	3			
11	月　日		11	10	9	7	4			
12	月　日		12	11	10	8	5			
13	月　日		13	12	11	9	6			
14	月　日		14	13	12	10	7			
15	月　日		15	14	13	11	8			
16	月　日		16	15	14	12	9	1		
17	月　日		17	16	15	13	10	2		

　　在使用艾宾浩斯记忆曲线复习计划表的过程中，既需要孩子坚持，也需要家长适当的陪伴及提醒，相信在家长和孩子的通力合作之下，孩子的记忆力一定会得到明显改善。

四、避免"习得性无助"

除了我们前面讲到的在智能方面或是记忆方面，孩子可能没有对自己有明确的认识之外，造成孩子对学习失去兴趣或是感到困难的另一种可能是，孩子可能出现"习得性无助"。

那什么是"习得性无助"呢？关于这个名词，美国心理学家塞里格曼曾经做过这样一个实验：起初把狗关在笼子里，只要蜂音器一响，就给以难受的电击，狗关在笼子里逃避不了电击；多次实验后，蜂音器一响，在电击前，先把笼门打开，此时狗不但不逃而且不等电击出现就卧倒在地开始呻吟和颤抖——本来可以主动地逃避却绝望地等待痛苦的来临，后来这种行为被称为"习得性无助"。放在人的身上也就是说，在最初的某个情境中获得无助感，那么在以后的情境中仍不能从这种关系中摆脱出来，从而将无助感扩散到生活中的各个领域。这种无助感会导致个体的抑郁并对生活不抱希望。在这种感受的控制下，个体会由于认为自己无能为力而不做任何努力和尝试。

这就能很好地解释，为什么孩子可能只是曾经在学习上短暂地遇到过困难，后来却对任何困难都望而却步，因为他可能陷入了某种"习得性无助"中，已经对自己失去信心，认为自己再怎么努力，也不可能获得理想中的成绩。

如果家长察觉到孩子面对事情有这种"习得性无助"的反应，首先应该反思一下自己在平常的教育中，是否经常给孩子一些负面的评价？孩子从出生开始，就像一张白纸一样，对这个世界充满好奇，他们遇到自己未知的事物是有主动探究的愿望的，可是家长有时为了考虑孩子的安全，或者认为某件事根本不需要尝试，就会阻止孩子，要么就说"小心，危险"，要么就说"你没弄过，你不会"这样的语言，久而久之孩子可能就会畏畏缩缩，做任何事情之前都会很谨慎，害怕去尝试，也认为自己无法做到。

长大之后，家长可能在评价孩子的时候，也多是用一些打击性的语言，一个表情、一句不经意的话语可能都会给孩子心中留下深刻的烙印，长期给孩子这样消极的暗示，孩子就会越来越不自信。

所以在孩子成长的过程中，父母应该更多地给予孩子积极、正面、肯定的评价，让孩子感到"即使我没做好，爸爸妈妈也不会不爱我"，让孩子长期处于积极乐观的情绪状态之中，这样他对挫折的耐受水平就会提升。我们还可以帮助孩子进行正确的归因。让孩子知道遇到挫折和困难时，不是所有的原因都是自己造成的，可以通过事情的发生经过和结果，辩证地去分析产生错误的原因，给自己一个比较客观的评价，而不是一味地把责任往自己身上揽。

第六章
思维方式是自控力的钥匙

思维方式决定出路，在现代社会，拥有多元的思维方式的人能从更多的角度去思考问题，也更具备成功的可能性。从小帮助孩子建立多元的思维方式对其未来的发展是有益无害的。本章的内容能帮助孩子了解成长型思维，用更积极的方式去面对困难，增强抗挫能力，同时也进一步提高自控能力。

一、建立成长型思维

了解成长型思维

在日常和孩子们接触的过程中，我们常常会发现孩子们的思维方式会有一些区别，比如下面这样一个例子：

明明和华华都是班级里非常优秀的孩子，在一次数学考试中，老师出了一道附加题，这是一道选做题，做出来了不会加分，没做出来也不会扣分。老师批改试卷之后，明明和华华都考得非常好，分数不分伯仲。但老师也有另一个发现，那就是明明在附加题上写了很多很多验算的过程，虽然最后他验算的结果和正确答案是不一致的。而华华试卷上附加题的那一栏却是空白的，一看就是华华直接放弃了这道题。

老师将两个孩子叫到办公室，想要询问一下他们对附加题的看法。老师问明明："为什么这道题并不加分，你还花了那么多时间解题？"明明说："那是因为我觉得这道题对我来说很有挑战性，这道题是老师没有教过的，如果我能通过努力解答出来，相信这对我来说就是挑战了一次自己。"老师同样也问华华："你的试卷上这道题上是空白的，你没有思考这道题吗？"华华说："我想着先把前面能得到的分数得到，反正这道题做出来也不会加分，那我宁愿把前面会做的题多检查几遍。"

从明明和华华的故事中，我们会发现，他们两个人看待问题的方式截然不同，因此他们面对事情的解决办法也是各不相同的，这就在于他们思维方式的不同。

在《终身成长》这本书中提到了两种思维方式：固定型思维和成长型思维。而一个个体是否可以持续提高，最大的区别在于两种相对的思维模式。

固定型思维方式的人认为后天的努力无法提高自己的能力，更无法改变自己的天赋，因此他们做事情常常是稳扎稳打，但是一遇到更有挑战性的难题他们往往会望而却步。成长型思维的人认为任何事情都可以依靠后天的努力来完成，他们乐于接受挑战，很愿意通过各种方式来提高自己的技能。

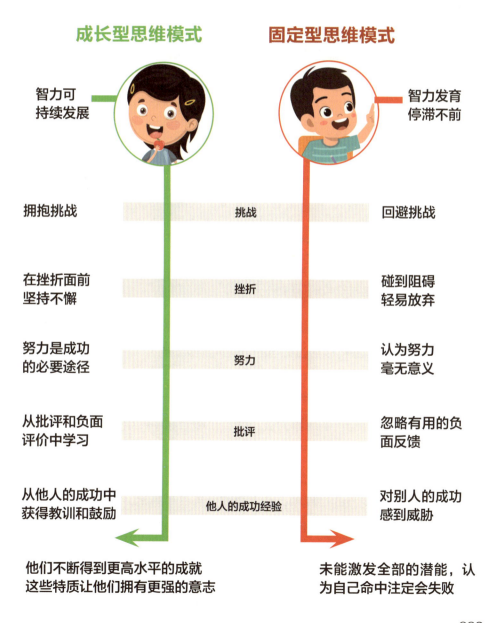

所以案例中，明明应该是成长型思维的孩子，他乐于挑战，愿意去战胜困难，而华华则可能是固定型思维的孩子，因为他遇到困难可能习惯绕道走，并且很担心自己失败。

那么在学习上来看，具有成长型思维的孩子的学习内驱力可能更强，他们更愿意接受挑战，也不怕失败，而是会在失败中寻找经验。

成长型思维的孩子基本上具有几个特点：

· 遇到困难不退缩。

· 习惯从多方面去解决问题。

· 懂得欣赏别人，能看到别人的优点，从而不断调整自己。

获得成长型思维的方法

许多心理学家在对成长型思维做出大量研究后得出：思维模式属于人认知方面的一种信念，是可以通过适当的方法训练改善的。

1. 家长需要具备成长型思维

只有家长调整好自己的思维方式，才有可能对孩子产生影响。要让孩子知道学习的"过程比结果重要"，短暂的挫折只是一时的，只要能够克服困难，就会有收获。

家长在和孩子交流的过程中，也不要着急给孩子答案，而是要多引导孩子去思考几个"为什么"，遇到困难不要马上就想要帮助孩子，而是给他足够的时间去"试错"，让他慢慢找到适合自己的方法。

2. 家长不要急于评价孩子

当孩子一件事情做不好的时候，家长不要急于评价孩子，一味地给孩子贴标签，否定孩子的能力，这样会打消孩子的学习积极性，当孩子下次做一件困难的事情时就会出现"畏难情绪"，或是产生自我怀疑。所以我们对孩子进行评价时不要评价他的人，而是评价事件或者行为。比如，当孩子遇到难题解不出时，不要直接说"你怎么这么笨"，而要说"再多想想，总会找到解决的办法"；遇到孩子拖拉，不要跟孩子说"你怎么这么慢"，而多跟孩子说"妈妈相信你还能更快"，用更积极的语言肯定孩子，让孩子对自己更有信心。

3. 和孩子强调努力的重要性

在孩子遇到困难时，多和孩子强调"努力"的重要性。有一句话是这样说的："努力了不一定会成功，但是不努力就一定不会成功。"所以我们在日常的教育教学中，不要一味强调结果，而是应引导孩子重视努力的过程，和孩子一起感受解决问题过程中的收获与快乐。

在日常生活中，我们把下面这些话用"你得到了什么"来改编，就可以应用到与孩子的互动当中：

比如，把"你真聪明"改为"你很努力""你找到了更好的学习方法"；

把"你失败了"改为"你的努力还是不够的"，或者"你的方法不对"；

把"这个太难了"改为"你可能需要投入更多时间和精力"；

把"你不擅长这个"改为"你正在学习，还要提高"；

把"你不想做了，想放弃"改为："前面的失败告诉我们，这些方法不行，或许我们可以采用其他方法来做"。

当我们引导孩子用成长型思维来思考成败和看待自己后，渐渐地，孩子内心的信念大厦就能建立了。

成长型思维是一种信念，需要日积月累。我们要鼓励孩子使用这种思维模式，而当他这么思考，哪怕取得了一丁点儿成就的时候，我们都要尽可能地放大他的成就感，郑重其事地赞扬他。这样可以激发孩子继续使用这种思维模式去面对新的问题，也就是不断地积累孩子关于成长型思维的运用体验。

当我们有意识地培养孩子的成长型思维，让他运用成长型思维去看待事物时，他的学习就会有所突破。更重要的是，在今后成长的路上，无论是获得成功，还是遭遇失败，他都可以正确、理性地看待，始终坚定地保持进取的心态。

二、把握最近发展区

什么是"最近发展区"

在培养孩子成长型思维的过程中，家长很多时候也需要适时引导，清楚孩子的潜力范围，适时给孩子提出"跳一跳够得着"的任务，帮助孩子的能力不断成长与提升。

这里就要提到一个有趣的概念"最近发展区"。最近发展区理论是教育家维果茨基提出来的。研究表明：教育对儿童的发展能起到主导作用和促进作用，但需要确定儿童发展的两种水平：一种是已经达到的发展水平；另一种是儿童可能达到的发展水平，这两种水平之间的距离，就是"最近发展区"。把握"最近发展区"，能更好地帮助孩子学习。

家长和老师如果意识到"最近发展区"的存在，那么日常在教育孩子以及和孩子沟通时，便可以更好地去利用最近发展区去培养孩子的能力。

如何把握"最近发展区"

1. 紧密联系生活，创设生活情境

父母每天和孩子生活在一起，其实是最了解孩子的人。在和孩子相处的过程中父母能清楚了解孩子的特点，也能知道孩子哪方面的能力更突出。我们就可以根据孩子能力的类型的强弱，以孩子的"现有发展区"为起点，有意识地利用他们的"最近发展区"。

比如父母在和孩子一起搭建乐高的过程中，孩子有一块乐高形状弄错了，导致下一块乐高无法安装上去。此时，父母不要直接指出孩子的错误，而是要引导孩子，帮助他接近自己的"最近发展区"，可以尝试这样对话：

孩子：妈妈，这一块总是拼不好。

妈妈：（发现是因为形状找错了导致错误）你仔细读一下说明书，是不是哪里拼错了？

孩子：（再次确认说明书，摇摇头，表示没有发现）没有错呀。

妈妈：你再仔细看看颜色、大小、形状。（引导孩子发现）

孩子：（再仔细确认说明书）哇，好像是这块形状弄错了。

妈妈：是吧？你试着换换。

孩子：（立刻拆掉，找正确形状的零件，重新尝试）是的，找到了，妈妈，我拼好了。

在这个例子中，孩子的母亲始终保持这一搭建积木的问题在他的最近发展区内，在一个可操作的难度水平，通过提问、鼓励和建议策略进行指导。在互动中，母亲不断观察什么能给他的学习提供最大的帮助。

维果茨基认为，儿童很少能够从他们已经能独立完成的任务中得到收获。相反地，儿童的发展主要是通过尝试那些只有在他人的协助和支持下才能完成的任务，即最近发展区中的任务来实现的。简单地说，是生活中的挑战，而非能够轻易取得的成功，促进着我们的认知发展。

因此，维果茨基主张，教育应当走在儿童现有发展水平的前面，落在最近发展区内，带动发展。教育一方面使最近发展区变为现实，另一方面也创造着新的最近发展区。儿童的两种水平之间的差距是动态的。随着时间的推进，一些之前不能完成的任务逐渐被儿童掌握，取而代之的是更加复杂和困难的任务。

2. 给孩子增加体验感，帮助孩子积累经验

孩子的成长源自经验，当孩子的经验增加时，自然成长就会发生。父母不要忽略孩子的生活学习，不要以为学习仅仅只是在课堂中发生的，其实生活中处处都可以学习，要善于发现让孩子学习的契机。

比如一位母亲一直和五岁的孩子玩九格的数独游戏，最近在陪孩子玩的时候，孩子完成的速度变快了，而且从练习的感觉来看，孩子已经得心应手了。这个时候父母就应该知道，是时候可以增加难度了。但是对于孩子来说，在已经掌握一项技能后，又要增加难度，可能会有畏难的情绪，所以，这里父母可以尝试带孩子去体验和挑战一下。

妈妈：宝贝，妈妈发现你现在做九格的数独游戏越来越快了。

孩子：好像是哦。

妈妈：你认为为什么你会越来越快呢？

孩子：（思考片刻）因为我每天都在玩啊。

妈妈：是的，因为每天玩，所以你越来越熟悉了，就会越来越快，这是你长期练习的结果。

孩子：原来是这样。

妈妈：那你想不想挑战更难的，妈妈这里还有十二格的数独，你想试试吗？

孩子：（看了看妈妈）会很难吗？

妈妈：可能会比以前难一些，我们可以试试看。试过了才知道啊。

孩子：可是我担心自己不会。

妈妈：不会的时候，妈妈会帮你的。

孩子：好吧，那我先试试吧。

在妈妈的指导下，孩子和妈妈玩了一次，成功地完成了12格的挑战，孩子开始有兴趣了，还想要继续玩一次。

在这个案例中，妈妈就是观察到孩子已经可以挑战新的项目了，所以才会提出想要帮助孩子挑战新难度。这就是帮助孩子在积累经验，让他明白，当我们已经掌握一项技能后，是可以继续提升自己的。我们把"可能达到的水平"变成"现有发展水平"，用"最近发展区"原理让整个沟通变得很顺畅、很自如。

3.利用已有知识，为孩子提供"垫脚石"，纠正错误的概念

刘默耕先生有一个"过河"理论，他说："前面虽然没有桥，但河里有不少大块小块的石头，老师先跳上一块石头，再让孩子们找路到这儿来，尽管孩子们找的石头、走的路，都各不相同，但方向都向着老师，目标都是过河。"这个理论的意思就是指河的这一边就是孩子"已经达到的发展水平"，对岸就是孩子"可能达到的发展水平"，河宽就是"最近发展区"。孩子要过河，我们就要在河中放几块"垫脚石"。这样，孩子才能顺利通过。

孩子在成长过程中总会有迷失犯错的时候，当我们发现孩子在学习知识的过程中，走上了一条错误的道路时，我们不应该着急纠正，而是需要想办法把孩子引到正确的路上来。我们要先给孩子一些基本的信息，帮助他们去梳理，让孩子自主去思考自己的问题在哪里，从而"摸着石头过河"，找到正确的路径。

以上三个建议可以帮助家长利用孩子的"最近发展区"，激发孩子勇于挑战自己的决心，家长要善于利用生活中各种教育的机会，有意识地帮助孩子优化大脑。

三、建立备选计划思维

在我们身边，常常能见到很多优秀的孩子。他们在父母的教育下，成长得非常好，各方面也很优秀。我们看见他们能为自己的学习列计划，对自己的学习有规划和目标，并能坚持去做。他们在班集体中总是耀眼和突出以及被人羡慕的，他们也希望自己常常保持这样的状态。

但同时我们也发现，这样的孩子中有一些也存在着一定的问题。例如，笔者所接待的学生来访者中，有这样一个小男孩。在别人眼中，他是十分优秀的，各方面表现突出。学习成绩保持在年级前列，还有钢琴十级的艺术特长，主持、竞赛各项比赛都能见到他的身影，并且性格也很开朗。但让笔者没想到的是，这样一个孩子在六年级的时候主动来到学校咨询室求助，向笔者倾诉他的困扰，就是：压力太大，在即将面对的小升初考试中感觉到十分焦虑。

当笔者和他探讨他日常的安排时发现，孩子之所以压力非常大，是因为在他的概念里面，所有的事情都已经被按部就班地排好，就像螺丝必须严丝合缝一样，如果没有达到标准就会影响他的心情，并深深觉得自己不够

好。他从来没有想过不按现在这套方式去学习会发生什么可怕的事情。这里就有必要来谈一谈备选思维计划了。

什么是备选思维计划？那就是，我们应该时常问问自己：如果我期待的事情没有做到，或者我没有如我想象般获得成果，我该怎么办？

很多孩子之所以无法承受失败，是因为他们从来没有给自己备选的机会，在他们看来不成功便成仁，这是很可怕的事情。他们无法接受自己的失败，无法想象失败之后可能面临的后果，所以他们总是铆足了劲告诉自己，只许成功不许失败。而他们也是明白的，人不可能总是成功，所以焦虑和压力便产生了。而这个时候，他们需要的，是给自己一个备选思维，不断地练习想象另一种可能性，要是我失败了或者要是我没能达到期望，会发生什么？

备选思维计划可以帮助你更好地去理解问题。通过帮助孩子设想出不同的未来走向和设置备选计划，孩子就能了解到，哪怕首选计划不能顺利达成，那也不是世界末日。

从脑科学的角度来看，备选计划的思考能加强前额叶皮质调节杏仁核的能力。对于孩子来说，几乎没有什么能比"我就要，但我就是做不到"的感觉更让他们感到紧张了。备选计划允许你更具建设性地去思考："如果我不能这么干，那我就能那么做……"它提升了人的灵活度和适应性。随着时间推移，练习备选计划思维能让你变得信心充沛，进而能够更好地应对压力和挫折。

其实备选思维在日常生活中就可以不断练习。这种练习其实也有利于我们增加对生活的掌控感。比如：在吃自己最喜欢吃的食物时，可以想象，要是有一天因为身体原因再也不能吃这种食物了，该怎么办呢？每天都是由爸妈开车送上学的孩子，可以思考要是哪天爸妈有事不能送我上学，我要如何上学呢？考试复习的时候，也可以设想要是这次考试没有达到自己理想的水平时，会怎么样呢？只有一直不停地在生活中练习思考另外一些可能性，才能有给自己另外一种选择的可能性。

第七章
教养方式是自控力的基石

　　家庭是孩子最重要的港湾，良好的家庭环境对孩子的成长有非常重大的影响。良好的教养方式对孩子的成长更有帮助。父母与孩子的亲子关系，也直接影响孩子性格的养成、看待事情的方式，奠定了孩子的自律与自控的基石。

一、不同教养方式对儿童的影响

在日常生活中，我们经常会发现，很多孩子年龄相仿，可是他们的处事方式与行为模式却截然不同。同样是面对老师的批评，有的孩子能知错就改再试一次，而有的孩子却无法面对失败，导致成绩一落千丈。究其背后的原因，其实还是因为每个家庭的教养方式各异。

关于教养方式的研究有很多，心理学家们将教养方式进行了各种各样的分类，大家可以对照看看，你们的教养方式属于哪种类别。

1978年，心理学家戴安娜·鲍姆林德提出了家庭教养方式的两个维度，即要求性和反应性。要求性是指家长对孩子的行为建立适当的标准，并坚持要求孩子去达到这些标准。反应性是指对孩子的和蔼程度及对孩子需求的敏感程度。根据这两个维度，可以把教养方式分为权威型、专制型、放纵型和忽视型四种。

1. 权威型

一般而言，权威型是对孩子最有利的一种教养方式。这种类型的家长在孩子心目中有权威，但这是建立在对孩子的尊重和理解上的。他们会给孩子提出合理的要求，设立适当的目标，并对孩子的行为进行适当的限制。与此同时，他们会表现出对孩子的爱，并认真听取孩子的想法。这种教养方式的特点虽然严格但是民主。在这种教养方式下长大的孩子，有很强的自信心和较好的自我控制能力，并且会比较乐观、积极。

2. 专制型

专制型的特点则是严格但不民主。专制型的家长要求孩子无条件地服从自己。虽然有时家长为孩子设立的目标和标准很高，甚至不近情理，但是孩子不可以反抗。这种教养方式下的家长和孩子是不平等的。在这种教养方式下长大的孩子，会比较多地表现出焦虑、退缩等负面情绪和行为，但他们在学校中可能会有较好的表现，比较听话、守纪律等。

3. 放纵型

放纵型的家长对孩子则表现出很多的爱与期待，但是很少对孩子提出要求和对其行为进行控制。在这种教养方式下长大的孩子，容易表现得很不成熟且自我控制能力差。一旦他们的要求不能被满足，往往会表现出哭闹等行为。对于家长，他们表现出很强的依赖性，往往缺乏恒心和毅力。

4. 忽视型

忽视型的家长对孩子不太关心，他们不会对孩子提出要求和对其行为进行控制，同时也不会对其表现出爱和期待。对于孩子，他们一般只是提供食宿和衣物等物质，而不会在精神上提供支持。在这种教养方式下长大的孩子，很容易出现适应障碍，他们的适应能力和自我控制能力往往较差。

对照上述不同的养育风格，家长们可以判断一下，自己平常主要以哪种养育风格为主。不同的养育风格对孩子性格的养成有很大的影响，家长可以观察孩子平时的行为表现，以确定自己的教养方式是否对孩子造成了一些不良影响。从而适当调整自己的教养方式。

在四种教养方式中，除了权威性的教养方式是公认比较适合孩子成长的之外，其他几种养育方式都存在各种各样的问题。尤其是结合本书的主题提到的孩子自控力的培养，教养方式的不同也会影响孩子的自控力水平。

专制型教养方式的父母，会给孩子造成一种压迫感。因为家长本身很难去尊重孩子，对孩子管得太多，导致孩子从小没有选择权，这样的孩子从小就习惯了听从父母，导致在面对选择时难以抉择，很难独立判断，凡事习惯依赖父母，于是对自己的掌控感较弱。他们长大之后在工作岗位上可能会是一名听话的员工，但可能不太懂得表达自己的想法，也相应地缺乏创造力，只会按照领导的要求按部就班地去完成工作，并且对于不公平的对待很难表达出来，会很在乎周围人的评价，一旦觉得自己达不到某些要求，就会对自己失望，产生一些负面情绪。因此专制型的父母一定要注意对孩子"平等"，多站在孩子的角度去聆听他们，而不是一味地以自己的意志，以"为了孩子好"为目的去干涉孩子成长中的选择，应该给予孩子更多主动选择的权利，将权利让渡给孩子自己，让孩子从小就知道很多事情是可以自己决定的。

与专制型教养方式喜欢限制孩子相反，放纵型教养方式的家长对孩子就显得太没有要求了。他们很多时候美其名曰"让孩子自由成长"，殊不知给孩子自由并不意味着"放纵"。在放纵型教养方式中长大的孩子缺乏规则与秩序感，因此自控能力差。因为在他们的家庭中，凡事都可以以孩子的意志为转移，家长没能正确指导孩子哪些事情可以做，哪些事情不能做，孩子就会没有概念。这样的孩子上学之后，很难融入和适应学校的环境。因为在学校教育中，在集体中，需要大家步调一致，尤其是小学阶段正是培养孩子行为习惯的关键时期，而放纵型教养方式下成长的孩子很难遵守学校的规则，对老师的要求可能充耳不闻、我行我素，导致经常会被老师批评，也会有明显破坏课堂的行为，久而久之会影响其人际交往，孩子们都不愿意和一个不遵守规则的人玩，久了孩子会感觉到自己被孤立了。因此如果你是放纵型教养方式的家长，需要先从自身开始改变，先让自己变成一个有原则有秩序的人，再去引导孩子哪些行为是可为的，哪些行为是不可为的。对于孩子出现的不良行为要及时进行干预，并给予相应的措施，让孩子明白，只有在尊重规则的前提下，才可能和别人建立起更加平等的关系。

　　忽视型教养方式的父母则对孩子表现出的是不关心。不关心孩子的成长，不关心孩子遇到的问题，也无法分享孩子的情绪，这样的影响是破坏性的。这样的孩子从小会很难感受到"被爱"，因此他们可能终其一生都在寻找关注，他们会用各种各样的不正确的方式去吸引对方的注意，只为了证明自己是值得"被爱"的。这样的孩子长期被忽视，很容易造成情感的淡漠，对人极不信任，未来也很难和别人建立亲密信任的关系。这样的孩子的自控能力显然也不会好到哪里去，因为父母从小不会给予他们引导和关心，他们很难得到肯定和鼓励，因此当他们开始尝试做一件事情的时候，如果失败了往往容易放弃。他们容易出现适应性的问题，对自己生活中的事情难以掌控，因为他们觉得自己的人生也充满了很多的不确定性。如果你是忽视型的家长，就一定要多去关注孩子的成长，多和孩子聊天，了解他成长过程中经历的事情并及时给予支持和鼓励，让孩子觉得自己是被爱的。每一个孩子都经由我们来到这个世界上，既然决定了成为一名家长，首先就应该对孩子负起责任来。

二、无条件接纳

父母要学会无条件地爱孩子

其实父母这个身份是很容易获得的。只要你在适婚年龄，找到合适的对象，然后自然孕育，就会成为父母。可以说，成为父母是不需要什么条件的，只需要你的个人意愿。但我们发现，成为父母是很容易，而成为好父母则需要不断地去成长与努力。父母"上岗"不需要资格证，但是，我们到底要培养什么样的孩子？我们希望孩子成为什么样的人？我们成为父母是不是就势必要为这个生命负责？如何负责，首先取决于我们如何看待孩子。

孩子是一个独立的个体，作为父母，我们应该尊重个体自身的发展规律，在养育过程中应该做到"无条件"，不以任何的要求为条件"迫使"孩子违背自己原本的意愿去迎合父母。

因此无条件养育的前提是爱。而父母给予孩子的爱，是不需要任何意义上的回报的，它只是一个礼物，是怀着最真诚的心送出的，并不需要返还。

一个在无条件接纳的环境中长大的孩子，一定是一个从小被爱包围、尝过爱的滋味的孩子。这样的孩子也会懂得爱、传递爱，并能学会用更包容、共情的方式对待世界。他会去尊重、理解，也能"利他"，因为在他看来，自己已经足够丰富，自己有的也可以给出去。一个从小被无条件接纳的孩子，一定也是一个有主见的孩子，对自己具有掌握感的孩子。因为这样的孩子从小就被父母尊重，在成长过程中他发生的任何事情，都会在父母的引导下做出自己认为正确的选择。父母不会将自己的意志强加在孩子身上，会同孩子商讨之后交由孩子定夺。这样的孩子会更自信、更有主见，能自己决定自己的人生。

无条件接纳很难，但并不是不能实现，它值得我们去努力。因为我们相信，每一位把孩子带到世界来的父母都希望能让孩子拥有健康幸福的人生，而孩子的幸福人生的奠基人就是父母。

怎么做到无条件接纳孩子

1. 父母需要自我成长

父母是一个不需要持证上岗的"职业"，成为"父母"的成本是很低的，因此如果父母还不加强学习，便会沿袭上一代的教育模式。所以，成为父母后首先要做的便是学习，有很多途径可以帮助我们学习怎样成为好父母，比如阅读育儿书籍。现在市面上有很多帮助父母育儿的书籍，涵盖了身体养育和心理养育，只是市面上的书籍鱼龙混杂，家长们也要学会筛选。明白自己的需求是什么，从而去选择和自己需求匹配的书籍。选择正规出版社出版的书籍，对作者的背景进行适当了解。虽然读书是帮助我们提升的方式，但同样我们也主张尽信书不如无书，书籍当中提到的案例和观点有时可能针对的是大多数人群，但实际上每个孩子都是有差异的。气质类型、性格特点、家庭环境等都有差异，因此我们要分辨书中的内容，学习书中有用的观点，学以致用。

除了阅读可以让父母更快成长之外，陪伴孩子也是一个非常重要的方式。就像心理学家班杜拉提到的"观察学习"一样，孩子在学习中靠观察可以累积更多的经验，家长也可以通过和孩子的相处，高质量的陪伴，观察孩子的成长来更了解孩子。孩子成长的过程是非常奇妙的，从咿呀学语到蹒跚走路，无不体现着孩子在不断地吸收和学习。家长陪伴孩子成长的过程也是一次重新认识生命的过程，只有全方位地参与孩子的成长，才能真正了解自己孩子的特点与需求，也才能在养育孩子时做出最适合孩子的判断。

多和其他家长进行交流也是不错的成长方式。成为父母之后都容易自带"滤镜"，总觉得自己的孩子是世界上最好的，自己的孩子是世界上最聪明、最独特的，在某种程度上这体现了父母对孩子的"爱"，但这份"爱"有时候不太客观。我们认为自己的孩子好，我们可以给予他们更多的肯定和鼓励，相信他们，但并不是盲目的自信。比如，有的孩子在幼儿园和其他小朋友发生了冲突，家长会有这样的说辞："我的孩子在家里从来不打人的，肯定是别的孩子先打了他。"这样的家长其实就是带着一层"滤镜"看孩子，总认为自己的孩子是最好的，在没了解任何事实的基础上就做出了判断，实际上也并不利于孩子的成长。

因此多和其他的家长交流，了解孩子们在成长中的共性，同时也能通过交谈明白自己的孩子与别的孩子之间的差异，这样就能更客观地评价自己的孩子，不至于在孩子犯错之后去"包庇"孩子。

2. 看到孩子的需求

很多家长不是不爱孩子，只是不知道怎么样去爱孩子。他们简单地以为以他们认为好的方式去爱孩子就可以了。就好比我们经常调侃的一句话：有一种冷，是你妈觉得你冷。有些家长对爱的了解不是基于孩子的需求，而是基于自己的需求。父母认为那样做是对孩子好，殊不知在孩子的眼里，就变成一种枷锁。而家长之所以看不到孩子的需求，是因为有些家长对孩子人格的忽视。他们认为自己是家长，因此便是权威，有资格有理由"帮助"孩子去做所谓"正确"的人生选择，而那个选择并不是孩子自己想要的。

无条件接纳孩子的前提是，不以家长自己的意志为转移，而是以绝对的支持给予孩子力量，哪怕明知道孩子正在做的某件事是错的，也要给予耐心去等一等，让孩子有试错的机会。当家长能细细去聆听孩子心中的声音时，亲子关系一定会十分和谐。因此，关系才是最重要的。当孩子能感受到父母的支持和理解，他也会更有力量去探索这个世界。

3. 尊重孩子这个独立的个体

无条件接纳的本质是接纳孩子成为他自己。在这个世界上，最美妙的事情莫过于每个生命都是独一无二、与众不同的。就像那句话说的："世界上没有两片一模一样的叶子，也不会有两个性格一模一样的人。"所以孩子来到这个世界上本身就是一种美好的存在。可是父母们总是想要把孩子雕琢成他们理想的样子。有些孩子天生不善言辞，但父母非得逼着他们同陌生人打招呼，否则就被冠以"不讲礼貌"的标签；有些孩子擅长艺术，但家长偏偏认为走艺术这条路未来难以在社会上生存，让孩子拼命补习文化课；有些孩子学习明明已经很努力，但父母总说"你还没有认真，学习态度不好"。这一切都基于父母并没有把孩子真正当成一个独立的个体，而只看到自己心中对孩子的投射。

当家长真正把孩子当成一个独立的个体之后，便会知道，每一颗星星发出的光都不一样，要帮助孩子长成他原本的模样，而不是试图去改变。应该让他们明白，人生的独特风景是由自己创造的，而父母只是可以陪伴他们一起欣赏风景的人。

这样无条件地接纳孩子，一定能让孩子拥有更加美好的人生，也能让孩子知道，他们可以放心大胆地去做自己想做的事情，因为在背后总有父母无条件地为他托底。于是他们更能掌控自己的人生，创造更多属于自己的精彩。

三、积极的心理暗示

什么是积极的心理暗示

除了无条件地接纳孩子之外，父母也要给予孩子正向的、积极的引导。如果父母本身具备成长型思维，且看待问题总是"资源取向"，那么便能帮助孩子树立积极的思维方式，让他看待世界的方式更广阔，而不仅仅局限于眼前。因此，父母可以在生活中不断给予孩子积极的心理暗示，孩子接收到这些暗示之后，能用更加客观、理性、积极的方式去看待问题。

心理暗示是指人接受外界或他人的愿望、观念、情绪、判断、态度影响的心理特点。心理学家巴甫洛夫认为：暗示是人类最简单、最典型的条件反射。之所以心理暗示会产生，是因为被暗示的人主观上是接受了暗示的，这是一种无意识的行为。我们在生活中无时不在接收着外界的暗示。

暗示不仅对人们的心理或行为发生影响，还会引起人们的生理变化。在实验室里，反复给被实验者喝大量的糖水，经过检验可以发现其血糖增高，出现糖尿并且尿量增多等生理变化。后来，不给糖水，实验者用语言暗示，被实验者同样会发生上述生理变化。这一实验表明，语言暗示可以代替实物，给人脑以兴奋的刺激，虽然被实验者并未喝糖水，但大脑仍然参加了体内糖的代谢活动。人们常讲的"望梅止渴"，也是暗示的积极影响。

父母作为孩子的第一任老师，在家庭中无时无刻都在以自己的语言、行为影响着孩子。这就是为什么我们普遍谈到原生家庭对孩子的影响力之巨大。很多父母在探讨原生家庭的部分的时候，一定会说，我好像什么也没做啊。但殊不知，父母的语言、行为、思维方式在孩子漫长的成长过程中一直对他们产生着莫大的影响力。因此，我们如果能利用暗示，给予孩子更多积极的心理影响，那么，孩子便会形成更加积极的思维方式。

家长应该给予孩子哪些积极的心理暗示

1. 家长需要具备成长型思维，积极的心态

父母不同的教养方式会给孩子带来不同的影响，教养方式中一定涵盖了思维方式。在成年人的社会中，工作和生活中遇到困难是非常正常的事情，但是有些家长遇到这样的事情时可能就会抱怨、责怪，不从自己的身上找原因，而是将问题都推卸到别人的身上。如果孩子长期听到父母这样交流，可想而知，当他同样也遇到学习或者生活上的问题时，会如何处理了。

而如果父母是资源取向的父母，在遇到困难和逆境的时候，总是能从中发现积极的部分，并主动想办法去克服困难，还能仔细体会这个过程给自己带来的收获和经验，从而拓宽自己的眼界。如果经常被这样的思维方式影响，那么孩子遇到生活中的困难时，也一定沿袭了父母的思维方式，积极去寻找解决问题的方法，而不是回避和退缩。

2. 带孩子发现生活中的美好

在物质生活足够富足的今天，人们对于精神生活的追求到达了前所未有的高度。人们想要快乐，想要寻找幸福，以此来获得内心的满足。可是幸福到底是什么？幸福到底是模糊的还是具体的？人们到底如何才能感受到幸福呢？我们现在经常听到"小确幸"一词，它的意思是心中隐约期待的小事刚好发生的那种微小的幸福。这其实已经给了我们一个对于幸福的理解，那就是主动去发现生活当中那些微小的肉眼可见的欣喜和快乐，以此就会产生幸福的感觉。而当小确幸不断累积的时候，就会获得巨大的满足感。

哈佛大学的幸福课程也在提醒大家要拥有感受幸福的能力，在他们的研究中，提出了"让自己变得幸福的20件小事"。

让自己变得幸福的20件小事：

· 面带微笑。

· 不要在意别人的想法。

· 每天至少花10分钟时间静坐。

· 花点时间与70岁以上的老人和6岁以下的小孩相处。

· 不要太较真。

· 你不需要赢得每次争论。

· 不要把宝贵的精力用在与人谈论八卦上。

· 人生苦短，别把时间浪费在恨任何人上。

· 没事多喝水。

· 在你清醒的时候，请仍怀有梦想。

· 每天睡满8小时。

· 忘记那些不开心的过去，别总纠结在过去的错误上。

· 让自己每个月的阅读量都比上个月高。

· 每天花10～30分钟慢跑。

· 没有人能主宰你的幸福，除了你自己。

· 与朋友保持联系。

· 时常打电话给你的家人。

· 尝试每天让至少3个人微笑。

· 花点时间去冥想，练练瑜伽或是祷告。

· 不管心情如何，赶紧起身，梳洗打扮，闪亮登场。

这20条让自己变得幸福的小事，其实无非都是在提醒我们关注当下，关注我们生活中每一个细微的瞬间，努力感受大自然的美好，感恩身边人的付出，多关注自己的内心，体察他人的感受，等等。

那么作为家长，要从小培养孩子对幸福的感知能力，引导他们捕捉和发现身边美好的事物，提高他们的幸福阈值。从小时候开始，每天在睡前聊天时就可以帮助孩子回忆一天中发生的事情，并提炼出所有事情当中最快乐最幸福的三件事。孩子小的时候可以由父母帮忙记录，等到孩子能自己书写了，就让孩子自己坚持记录，并可以写成幸福日记，长此以往，孩子的幸福指数一定会提升，并且心态也会随之变得更乐观积极，看待世界的角度也就更正面。

以下是一位妈妈和自己五岁的孩子记录的每天三件快乐的事情，这样既能提高孩子梳理整合的能力，更能教会他感受幸福。

8月16日

· 吃饭时帮爸爸妈妈拿筷子。

· 和新认识的好朋友在一起玩。

· 想要帮爸爸妈妈端碗。

· 在游泳馆碰到了童童和陈陈、洁洁，他们为我加油。

8月17日

· 通过努力积攒了废品，卖了一元钱。

· 今天和妈妈一起去游泳。

· 今天妈妈给我买了好吃的，没要我出钱。

8月18日

· 今天和爷爷奶奶一起玩了。

· 今天通过卖废品又赚了五块钱。

· 妈妈给我买了一包竞技版奥特曼卡片，爸爸给我买了四羊方尊的考古盲盒。

8月19日

· 和安安妹妹一起玩了。

· 和不离妹妹一起玩了。

· 今天妈妈让我喝了冰红茶。

8月20日

· 今天婆婆来了，好高兴。

· 今天获得了游泳的毕业证书。

· 今天吃了香蕉飞饼。

8月21日

· 今天打了篮球，见到了向教练。

· 今天卖废品卖到了三块五毛钱。

· 今天和妈妈、爸爸、婆婆一起玩了好玩的新玩具。

8月22日

· 为嘟嘟和嘟嘟妹妹庆祝六岁生日。

· 嘟嘟送我了一个奥特曼拼图。

· 今天用自己的钱为嘟嘟和妹妹买了生日礼物。

8月23日

· 睡觉前妈妈给我讲了故事。

· 今天下去拿快递碰到何婧祎，和她一起玩了。

· 今天和小伙伴分享了好吃的饼干。

8月24日

· 睡觉前讲了一个有趣的故事。

· 妈妈给我看了美食的视频。

· 今天和婆婆一起玩了穿绳子的游戏。

这些事情可能看起来真的都是极其简单的小事，但是在小事当中可以看到从孩子视角出发的美好，更能帮助孩子树立正确的价值观，坚持下去，一定是一件对孩子成长有利的事情。各位父母不妨也可以试一试。

多给孩子一些"魔性洗脑"

既然是积极的暗示行为，那么其中一定蕴含着一种不断"重复"的意味。我们经常说为什么一个正常人特别容易受到"传销行为"的蛊惑，那是因为当人处在某种环境当中时，一直被周围的价值观轰炸，且周围的人都秉承着相同的价值观，那么这个正常人就会产生自我怀疑，随即就产生了一种认同感。

传销行为当然是违法的，且肯定是不被提倡的，但传销行为背后传递的心理机制却值得我们关注。我们可以将这种心理机制运用到教育孩子上。我们将积极的价值观、正向的行为不断向孩子输出，孩子也会形成一种正向的思维方式，就像学英语需要不断"磨耳朵"一样，在创设了这样一种氛围和环境后，孩子自然而然就耳濡目染了，他们也会不断接受我们这种积极的心理暗示，并认同它，最终形成自己的积极心态。

四、非暴力沟通

什么是非暴力沟通

前面我们介绍了要让孩子对自己有掌控感，有健康积极的心态，家长可以从教养方式、思维方式等方面做出一些改变和努力，但最终其实指向的都是关系。

我们终其一生都是活在关系中的。亲子关系、师生关系、同伴关系、亲密关系、同事关系、社会关系等，人要在社会上生存，就必须和人打交道，也就必须建立关系。而亲子关系其实就是一切关系的基础。我们从小与父母的互动模式，影响着我们成年后和其他人的互动模式。而建立良好关系的基础是进行有效的沟通。只有沟通顺畅，关系才会更加和谐，彼此之间才不会有隔阂，能求同存异。我们看到很多关系的不和睦以及冲突的产生，都是因为沟通出了问题。

心理学家们对沟通进行了很多研究。其中"非暴力沟通"法则中提到的很多沟通方法，能切实地解决人们在沟通中所遇到的问题。

心理学家马歇尔·卢森堡博士发现了一种沟通方式，依照它来谈话和聆听，能使人们心意相通、和谐相处，这就是"非暴力沟通"。

暴力沟通和非暴力沟通的区别在于，暴力沟通的人把所有责任都推给对方，而非暴力沟通是愿意探索彼此内心的需求。

在家庭关系中，父母之所以和孩子沟通不顺畅，就是因为常常看不到孩子的需求，而总是将自己的意愿强加给孩子，认为自己是父母是权威，孩子就应该服从。当孩子小的时候自我意识不成熟，他可能会听，可是等孩子年纪渐大，看不到对方需求的沟通方式一定就会出现冲突，引发亲子矛盾。因此，学习如何使用"非暴力"的语言和孩子进行沟通十分必要，下面就向大家介绍一些非暴力沟通的要素。

非暴力沟通的要素

1. 观察

观察，顾名思义是先看而不是先说。当和别人交谈时，不要着急对对方的话语进行评论，而是先观察在这个相互沟通的情境当中对方的状态，并将自己观察的结果客观清晰地向对方描述。

很多人都有这样的经验，在沟通不畅的时候，如果还夹带着对对方的评论，就会让对方感到被攻击，于是，就会遭到激烈的反驳，从而达不到沟通的效果。

在沟通中观察，也会避免我们给对方贴上固有标签，客观地陈述观察到的事实，便能促使对方去思考，而不是陷入被评价的情绪里。

印度哲学家克里希那穆提曾经说："不带评论的观察是人类智力

的最高形式。"我们平常对某件事或是某个人，都会自动忽略我们动态的观察，而直接有了属于自己的评论。这些评论往往带有我们的主观色彩，有时候未必就是客观事实的真实表达。过于主观的评论，必然会影响人与人的沟通效果。在非暴力沟通中，观察是一个重要的方法和技巧。它的意义就在于，让我们在与人交流的时候，不去做主观的评论，不去关注应该如何，而仅仅是观察事实。

2. 感受

在非暴力沟通中，特别应该关注感受。你越是留意自己内心的声音，就越能听到别人的声音。

中国人因为传统文化的原因，不太善于表达感情，因此对于感受的体验也比较迟钝。因此我们更愿意用头脑去思考，从而得出结论。而实际上，在沟通中，我们是不需要完全靠理性思考的，而是要更多地关注感受、情绪，看到情绪背后隐藏的真实原因。

仅仅说出想法，更多停留在理性层面，且还夹带着讲道理的嫌疑，说出来的话往往也比较主观，带着个人的猜测。这样难以引发对方的共情，甚至会让对方加强防备。在生活中我们经常会看见亲密关系中的夫妻，他们之间越来越沉默，很少交流和沟通，其原因也是他们只表达想法，很少表达感受。

区分感受与想法，需要用具体的语言如实陈述自己的感受。

表达感受的时候可以用"我觉得"，但当我们表达想法时，最好还是用"我认为"。我们可以通过"我（感到）……因为我……"这种表达方式来认识感受与自身的关系。

例如："你的作业没有写完，妈妈感到失望。因为妈妈希望你能自己负责好自己的事情。"

"看到你的考试成绩，我有点失望，因为有些问题是因为你的粗心造成的，并不是你不会。"

清晰地表达自己的感受，是自我表达的一种最有效的方式，因为情感是最能引发人们共鸣的，人性之间也是有相通的地方的。在亲子沟通中，主动表达内心的感受，可以促进亲密关系；在工作中，主动表达内心的感受，则可以使同事关系更加融洽；在婚姻中，主动表达内心感受，则可以加深夫妻感情，促进家庭和睦，等等。

3. 需要

我们之所以要沟通，其实是想表达自己的需求。之所以沟通不畅，是因为自己的需求没有得到满足，或者对方看不到我们的需求，这时我们就会感到难过和失望。

沟通中由于互相指责会直接影响情绪，导致失去理智，说出一些伤人的话语，影响关系。

如果我们感到恐惧，是因为我们需要足够的安全感；

如果我们感到愤怒，是因为我们需要得到更多的理解和支持；

如果我们感到悲伤，是因为我们需要他人的关怀和安慰……

在人际沟通时，了解自己和他人的需要，是健康的交流关系得以建立的重要因素。一旦人们开始谈论需要，而不是一味指责对方，他们就有可能找到办法来满足双方的需要。

只有了解了自己的需要，并将它们表达出来，我们才能够获得他人的帮助；只有明确了对方的需要，我们才能够去满足他们，才能使沟通顺利地进行。

4. 请求

在沟通中，表达了上述的要素后，最后一个要素便是向对方提出自己的请求，请求别人能给自己提供一些帮助，也是在请求自己希望对方能为自己做的一些事。这个请求非常重要，因为在一些沟通不畅的时候，大家都急于在沟通中宣泄自己的情绪，反而忘记了当初为什么要沟通，所以让沟通最后变得无效。

但如果请求不当，也很可能得不到对方积极的回应。那怎么做才更容易获得积极回应呢？

一位妻子想让孩子的父亲能早点回家陪伴孩子，但她却从来没有表达过她的想法。每每丈夫回来晚了，她就会不自觉地生气，觉得丈夫不关心家庭。丈夫不知道妻子真实的想法，觉得妻子生气莫名其妙，总是找他的茬儿，因此争吵不断。

其实这位妻子的真实想法是希望丈夫早点回来多陪陪自己和孩子，

但她没有说清楚想要什么。因此当我们在沟通时就应该直接说出自己的愿望，这位妻子真实的心愿是："我希望他每周至少有一个晚上在家陪我和孩子。"

当我们用具体的语言清楚地告诉对方我们的请求是什么，对方才能明确知道我们想要的是什么，才知道自己该怎么做。尤其是在亲子沟通中，孩子更需要父母给出明确的指令，这样能帮助他更快地解决问题。所以下次家长们再想要孩子做什么，一定要说出自己对孩子的具体要求，而不要仅仅提供一个大概的范围。

我们越是将自己的请求讲述得清楚具体，就越能够得到他人理性而积极的回应。良好的谈话能促进关系，而指责、嘲讽、否定、说教以及任意打断、拒不回应、随意评价的沟通方式常常令对方觉得受到伤害。这些无心或有意的语言暴力让人与人变得冷漠、隔阂、敌视。

非暴力沟通的方式提醒我们专注于彼此的观察、感受、需要和请求。它鼓励倾听，培育尊重与爱，使我们情意相通、乐于互助。良好的沟通会带给我们全新的思维方式，它希望我们明白，生活不是一场辩论赛，目的不是为了争对错，而是为了让生活变得更好。而在良好的沟通环境下长大的孩子，更能感受到对方的善意，并且也更能用正确平和的方式看待问题与解决问题，一旦不带情绪地去沟通，孩子也更能被允许表达需求，他的自信心也随之提升，自我掌控感也会变得更强。

后记

　　在本书中，我们尽量将一些已有的研究作为理论基础，试图帮助家长们去梳理在孩子成长过程中可能遇到的一些问题。尽管有些表述还不太完善，但都是基于作者作为一线教师以及妈妈这两个身份的经验之谈，若有不恰当之处，还望读者们谅解。我们都是在育儿路上且行且学，不断修正，也不断提升自己的。

　　都说育儿先育己，成为母亲才知道这句话有多么真实。成为父母很容易，但要成为好父母却需要不断努力。我们都是带着自己成长的模式在生活，如果不能自我觉察，又会将错误的经验复制在孩子身上。

　　而培养孩子自控力最重要的其实就是相信孩子，在适当的时候慢慢退出孩子的人生。我们要做孩子成长中的"顾问"而非"领导"，让孩子笃信自己有能力做出选择和决定，并不管对错都能得到父母的支持。

　　每一个个体都是独一无二的，我们只有给予孩子无条件的爱与接纳，最终才能让孩子长成他们原本的样子。和大家共勉之。